# THOUGHTS

## ON INTERACTION
## DESIGN
### SECOND EDITION

# 交互设计沉思录

## 顶尖设计专家Jon Kolko的经验与心得

[美] 乔恩·科尔科（Jon Kolko）◎著

[加] 方舟 ◎译

原书第2版
·
典藏版

机械工业出版社
CHINA MACHINE PRESS

Thoughts on Interaction Design, Second Edition
Jon Kolko
ISBN: 978-0-12-380930-8
交互设计沉思录：顶尖设计专家 Jon Kolko 的经验与心得（原书第 2 版·典藏版）（方舟 译）
ISBN: 978-7-111-76121-1

---

**注意**

本书涉及领域的知识和实践标准在不断变化。新的研究和经验拓展我们的理解，因此须对研究方法、专业实践或医疗方法作出调整。从业者和研究人员必须依靠自身经验和知识来评估和使用本书中提到的所有信息、方法、化合物或本书中描述的实验。在使用这些信息或方法时，他们应注意自身和他人的安全，包括注意他们负有专业责任的当事人的安全。在法律允许的最大范围内，爱思唯尔、译文的原文作者、原文编辑及原文内容提供者均不对因产品责任、疏忽或其他人身或财产伤害及/或损失承担责任，亦不对由于使用或操作文中提到的方法、产品、说明或思想而导致的人身或财产伤害及/或损失承担责任。

---

北京市版权局著作权合同登记　图字：01-2011-3598 号。

**图书在版编目（CTP）数据**

交互设计沉思录：顶尖设计专家 Jon Kolko 的经验与心得：原书第 2 版：典藏版／（美）乔恩·科尔科（Jon Kolko）著；（加）方舟译. --北京：机械工业出版社，2024.9. --ISBN 978 - 7 - 111 - 76121 - 1

Ⅰ. TP11

中国国家版本馆 CIP 数据核字第 2024SS2226 号

机械工业出版社（北京市百万庄大街 22 号　邮政编码 100037）
策划编辑：王春华　　　　　　　责任编辑：王春华　张秀华
责任校对：韩佳欣　牟丽英　　　责任印制：刘　媛
涿州市京南印刷厂印刷
2024 年 9 月第 1 版第 1 次印刷
147mm×210mm · 7 印张 · 127 千字
标准书号：ISBN 978-7-111-76121-1
定价：69. 00 元

电话服务　　　　　　　　　　　网络服务
客服电话：010-88361066　　　　机　工　官　网：www. cmpbook. com
　　　　　010-88379833　　　　机　工　官　博：weibo. com/cmp1952
　　　　　010-68326294　　　　金　书　网：www. golden-book. com
**封底无防伪标均为盗版**　　　机工教育服务网：www. cmpedu. com

## 关于本书

本书的要义作者已经阐述得足够清楚，这里不再赘述。翻译是阅读、解读和转述的过程，因此，译完本书之后，我不但是译者，还成了斤斤计较、咬文嚼字的读者。最想说的不是作为译者的译后感，而是作为读者的读后感。

本书的特点，总结起来大概有三点。

其一，气势恢宏，让人将大局观尽收眼底。作者以其丰富的经验、惊人的洞察力和归纳能力对交互设计进行了一次全方位的透视和反思，在设计这一大主题之下将多个相关领域中的概念、理论和实践经验串联起来，让人读后有种荡气回肠的感觉和勇于把握大局观的气魄。

其二，旁征博引，让人大开眼界。任何领域都不是独立存在的，学科的交叉不可避免。作者旁征博引，把哲学、心理学、社会学、人类学等诸多领域中的概念、思想、人物和观点拿出来对比、类比、举例和批评，努力把设计范畴内各种相关信息在最恰当的时机展现给读者，一方面放手让读者自己去体会其中的含义，另一方面又谨慎地用自己的观点来引导读者。其结果就是，读者被给予了足够丰富和强大的"思想武器"，可以与作者站在相同的高度，共同探讨设计的本质。

其三，观点鲜明，铿锵有力。对于设计，作者抱有更崇高的理想和愿景。作者在无情地批判物质主义和消费主义的同时，用有说服力的论点和强烈的感情向读者高声呐喊："设计的抱负不应限于表面的浮华和花里胡哨的时尚。"设计能够，也应该做得更多，设计的终极目的是创造更美好的世界，设计师肩负着极其巨大的责任。

作者的大局观让我们站在巨人的肩上，高瞻远瞩。作者的旁征博引给了我们更多的阅读线索（比如我情不自禁地把作者引用过的 *Citizen Designer* 和 *Cradle to Cradle* 等书找来研读，且受益匪浅），并教会我们思辨地看待事物。作者的鲜明观点不但发人深省，而且为我们指明了设计领域的发展方向。

无论是作为经验丰富的设计专家，还是作为传道、授业、解惑的教育者，作者都通过本书给予了我们最宝贵的东西——智慧和思辨能力。

作为被作者的观点深深吸引的译者，我强烈推荐本书读者持续关注作者发表的文章（通常发表在 www.jonkolko.com 和 www.ac4d.com 上，当然还有必不可少的业内期刊 *Interactions Magazine*），并阅读作者的其他著作（*Exposing the Magic of Design: A Practitioner's Guide to the Methods and Theory of Synthesis* 以及 *Wicked Problems, Problems Worth Solving: A Handbook and A Call to Action*）。

因为设计无处不在，所以本书越发显得价值巨大，值得任何涉猎设计领域的人士阅读。

## 致谢

感谢机械工业出版社给了我翻译这本佳作的机会，我非

常珍惜。感谢各位编辑对我的鼎力支持，这本译作的精彩理
所当然有你们的贡献和功劳。

感谢我的爱人于沛娟支持我接下翻译工作，容忍我在翻
译期间放弃了本可以伴她左右的业余时间。她的鼓励是我坚
持的动力。

## 交流与反馈

信、达、雅是翻译工作至高无上的境界，也是我努力实
现的目标，然而限于翻译能力与水平，我对原书内容的理解、
解读和翻译难免会有疏漏与错误。勘误和改进是译者的责任
和义务。我期待与读者进行交流，渴望获得您的反馈。

toidbook. cn@ gmail. com 和 toibook. cn@ gmail. com 是专门
为本书设立的电子邮箱，欢迎您把任何对本书的意见、建议
和批评发送至此。

weibo. com/kingofark 是我的微博，noah. ark@ gmail. com 是
我的个人电子邮箱，我很乐意与您进行交流。

另外，我还在豆瓣小组 http://www. douban. com/group/
jonkolko/ 上负责本书的勘误和改进工作，也欢迎您参与小组
的讨论。

方舟（K）［NGofARK）

本书献给Jess，只为你与我同甘共苦。

这是一本旨在审视交互设计理论并推进其发展的专业书籍。在探讨交互设计（interaction design）的现有书籍中，有一部分探讨的是设计在人机交互（Human-Computer Interaction，HCI）中的角色。人机交互是一个被认知心理学和计算机科学所限定的领域，因而这些书籍在描述设计的本质时，经常将其与屏幕上的用户界面设计联系在一起——或者强调界面上出现的特定元素，或者检视创建界面的最佳实践、启示和指导原则。这类书籍频繁出现在教授计算机科学的院校里，被作为教科书使用，供有兴趣了解人类行为及其影响的工科学生研习。

另外一些探讨设计本质的书籍则关注作为二维、三维甚至四维形体创造的设计。这类书籍考察元素的各种形状、组合或布局的美学价值及情感价值，用实例来解释设计的取舍原则，比如展示实体产品、演示特定的交互性部件，或者以绘声绘色的方式重点展现设计成果的美感和优雅度等。这类书籍经常出现在设计、艺术类院校里，用来描绘特定艺术文化运动至高的历史地位。

然而，几乎没有几本书在探讨技术和形式（form）之间的语义关联（semantic connection）问题。这些关联源自用户使用产品的过程，可被看作交互（interaction）。归结起来，正是这些交互组成了使用产品的行为。这些关联也越来越强烈地暗示着称为"设计"的这个领域是与科学、艺术研究齐肩且正统、独立的研究领域。本书描述交互设计的方式，是在理论和概念层面上考量和反思交互设计这门学科。

我完全明白，交互设计实践者可能会觉得本书视角颇高、学术味重，或者看起来缺乏实效性，没有可以立即可用的实用内容。本书不提供能在工作中立即可用的东西，不谈如何运用设计，不谈如何通过设计来获得合理的经济效益，也不谈如何编写代码创建交互设计原型<sup>○</sup>。这些方面，现有的其他书籍已经讲得相当棒了。

本书的第一大目标是更好地诠释两个问题：其一，什么是交互设计；其二，为什么交互设计很重要。本书给出了交互设计的一种定义，同时涵盖交互设计领域的各知识层面、交互设计作为一门人本（human-centered）<sup>○</sup>学科的概念基础，以及交互设计实践者在日常实践中采用的具体做法。

本书的第二大目标是为交互设计师提供必需的语汇，以便大家将自己的工作知识化，这样既方便大家描述工作，又方便大家与他人沟通，包括与其他学科领域从业者、大众媒体、政客以及决策者等沟通。倘若没有这些必要的语汇，我们对科技人性化的倡导就可能在科技演进的步伐中遭受冷遇。

---

○ 原文为"simulation"，意指可交互的模拟产品，比如用 HTML/CSS/ JavaScript 制作的网页设计原型等。——译者注

○ 所谓"human-centered"有"以人为中心"之译法，译者觉得此译法虽然表意妥当，但在很多情况下都显得啰唆，同时也导致放到整句中不好措辞，因此译作"人本"，以表"以人为本"之意，与原文意义也比较切合。——译者注

本书的第三大目标是提出交互设计脱离商业桎梏而独立存在的可能性，让所有交互设计师认识到，我们的工作领域与医学、政策学（policy）、法律等其他知识构造健全的领域一样，有助于塑造和改善我们的文化。只有具备强健、丰富的知识，才能解决复杂问题，才能在技术调研时应万变，才能具备人类体验同理心。要解决困扰人类的社会性难题并且使科技人性化，具备这种知识性的洞察力是最为理想的。创建好看的界面恐怕是对这一关键能力最肤浅也最普遍的滥用。

各行各业的设计师都为其在业界中的弱势地位而叹息——我们声称自己的专业被误解了，获得的报酬过低，还被狭隘地看作"搞效果的"（stylist）或"玩像素的"（pixel pusher）。如果我们真是"搞效果的"风格设计者，那么理当因制造一种瞬时、轻快的短暂视觉感受（即风格）而获得报酬。但交互设计并不关乎转瞬即逝的美学。借由很酷的 Flash 界面来界定交互设计与借由财会学科来界定战略性业务拓展一样吗？答案是：完全不一样。交互设计师的使命是观察人类，以及在众多复杂想法中寻求平衡。交互设计师要考虑问题的两个极端：最大的和最小的、概念层面的和实效层面的、人类层面的和技术层面的等。交互设计师是行为的塑造者。"行为"（behavior）是个很宽泛的概念，乍看之下，用其来限定单独一个专业领域似乎有点偏激，但交互设计终究已经作为专业领域出现了。当把交互设计应用于商业领域时，由此形成的专业所涵盖的内容就包括了信息架构（information architecture）的复杂性、以人类学视角理解人类的欲望、可用性工程的利他性本质，以及对话（dialogue）的创建等。

尽管目前商业领域有对交互设计的需求（也许其目的正

是实质性地拉动业务发展），但是交互设计的价值不在于创造利润。交互设计能创造利润纯粹是巧合，其真正的价值在于推进人本设计的发展以及创造社会性框架。前者能提高日常生活质量，后者供人体验设计。

ANYBODY
GOT ANY
LIPSTICK?

　　所谓交互设计，是指在人与产品、服务或系统之间创建一系列对话。这种对话几乎不为人察觉，发生在日常生活的细枝末节（比如一个人手握刀叉切牛排的方式或者每隔几分钟就切换计算机屏幕窗口以查看Facebook 信息墙更新的方式）中。构造这种虚无缥缈、捉摸不定的对话形式难度很大，因为对话是随着第四个维度（即时间维度）而逐渐推进的。由于自然对话既是消极反应式的（reactionary）又是积极期待式的（anticipatory）<sup>⊖</sup>，因此要针对行为进行设计，就需要理解自然对话易变和流动（fluidity）的特性。评估交互设计常用的量化方法是追踪人与界面交互过程的可用性。然而，在关乎对话的一系列特征中，可用性（usability）只是其一。取得商业成功的产品、服务或系统，除了具备可用性之外，通常都还具备其他优秀品质。所有这些品质共同造就了或者久经考验，或者无价，或者打动人心的产品、服务或系统。

　　上述"其他优秀品质"颇具主观性。同时，"设计"这个概念也经常被描述为应用艺术类型。然而，艺术家与设计师之间存在着微妙的差别。艺术家通过画布、黏土或金属物

---

　　⊖　"reactionary"强调消极特征，意指只针对外来的刺激做出反应而不主动行事；而"anticipatory"则强调积极特征，意指积极期待并主动行事。——译者注

件制作作品来表达某种主张或独到的观点，作品的观者则对此做出回应。而如对话一般的设计却是经由接受、拒绝、理解或困惑而不断演进的过程。艺术家很少对观者负有任何责任——许多艺术家之所以进行创作，只是因为他们喜欢做或者感觉自己必须做。与强烈的情感反应相比，艺术作品表词达意的明晰性就显得不太关乎主旨了。"我无法解读你的作品传达的信息，但我知道我不喜欢这件作品。"观者可以在不领会作品内容的情况下形成自己的看法并做出行动上的反应。

相比之下，设计师的任务更困难一些，其同时关乎功能、语言和意义。设计师必须通过视觉和言语等"表达性语言"进行设计，该设计不但要让观者经历特定的情感体验，而且要让其能真正理解内容意涵。这种理解过程与文化息息相关，不能限定在某个特定的时间点上。观者必须能认识到设计师的用意，并且接受其"语言"所体现出来的文化。设计师设计的并不是用某种语言说话的方式，而是语言本身——设计就是语言的一种形式，其形式和内容上的"语法特征"是通过上下文和用法体现出来的。诗人会选取某个主题，然后通过人物刻画、时间推移和语言艺术的运用，以生动的方式让读者领会其表达的主题。与诗人的做法类似，产品设计师也会先在脑海中酝酿某种物件，然后通过物件的形状、重量、颜色和材质让观者领会其最终产品在特定情境中表达的意涵。

交互设计师则更甚，需要同时运用言语表达和形式表现的手法构造引人入胜的"观点"，并让观者参与讨论观点的"对话"过程。交互设计师的"作品"随时间不断演化，观者的存在及其对作品的综合领会才是作品最终完成的标志。广泛实践的所谓"以用户为中心的设计"（user-centered design）往往并没有真的认可用户的重要性。只有当用户完全理解了交互设计"作品"的内涵，并且完全感受到了其蕴含的情感特质时，作品才脱离了蒙昧状态，从而获得自身的圆满。倘若用户无法理解和感受设计，那么设计成果不会真的具有任何可用性。交互设计并非那种带着高贵气质和无私品质来传达设计者意图的专业，而是通过满足需求来实现自身价值的专业。

## 理解科技的角色

人们把太多赞美给予了消费类电子产品的设计。在诸多商业刊物和消费者的评价中，Apple 公司被誉为创新的领导者和设计领域的权威。每款 Nokia 新机型或 Playstation 的发布都是在创新道路上迈出的一大步。尽管这些产品看起来确实是最优秀的，但倘若从人性化和美学的角度来看，它们只不过揭示了科技的威力而已。最终，音乐播放器还是一块砖的形状（只不过形状日渐缩小罢了），手机还是那么难用，视觉效果变得越来越逼真的电子游戏也还是在套用 20 世纪 90 年代初那种"看见就打"（kill-it-if-it-moves）⊖的简单规则进行设计制作。这些产品的设计经不起时间的考验，也谈不上优雅。由于缺乏留存它们更长时间的理由，因此这些消费类

---

⊖ "kill-it-if-it-moves" 直译为"看见谁动就打谁"，意指基本规则简单的游戏，比如打地鼠游戏（看见地鼠从地洞里冒头就用锤子或手掌击打）或者射击类电子游戏（看到敌人就开火）等。译者认为作者在这里想表达的主要意思是，虽然电子游戏在视觉效果上取得了突飞猛进的发展，但最基本的游戏设计原则没有太大的变化。——译者注

电子产品总是很快就被淘汰，也就不足为怪了。

现今的科技对人类起着无与伦比的积极作用，推动了大规模的社会改变，为人类提供了精彩绝伦的娱乐方式，还让人类对自身有了更深刻的了解。科技的进步及应用极大地改变了人类的身心和灵魂。工程技术实现了这一切积极的改变，但我们无法只从工程技术本身看到这些改变。精通商道的职业执行官也无法看到这些改变，因为这些改变所解决的问题首先是人这个层面上的问题，其次才是商业层面上的问题。只有有创意的设计师才能意识到这些改变，这样的设计师既是艺术家，又是工程师，能够随着时间的推移逐渐在科技与美学之间取得平衡，同时又不会忽视设计最重要的人性化一面。

## 作为专业学科的交互设计

尽管人们把交互设计看作一门新兴的学科，但是其实人类已经有着千百年的交互设计历史。交互设计深深植根于诸多既有的学科领域，而其中许多领域与之拥有相同的术语概念、名称缩写和技术技巧，因此人们也经常把交互设计与这些领域混淆。

交互设计并非一定就是指创建网站或应用程序，也不一定就是指多媒体设计或图形用户界面（Graphical User Interface，GUI）设计，甚至连其主要关注点都不一定就是先进的科技（尽管有些技术在其中扮演重要的角色）。如果要给交互设计下一个更为恰当，哪怕是有些学术味道的定义，那么这个定义就需要能体现领域内从业者的实践，并能就这个激动人心的领域做出对未来的展望。所谓交互设计，是指在人与产品、系统或服务之间创建的一系列对话。从本质上讲，这种对话既是实体上的，也是情感上的，它能随着时间的推移体现在形式、功能和科技之间的相互作用中。

　　倘若要用更简单的方式来界定交互设计师这个职业，则可以说他们是**行为的塑造者**。他们在实际工作中可能被称为可用性工程师（usability engineer）、可视界面设计师（visual interface designer）或者信息架构师（information architect）。无论怎么称呼，他们的工作都是尝试理解并改变人们做的事情、经历的感受，以及脑子里思考的事情。这听起来像是在操纵他人，但事实的确如此。正因为这种对行为的操纵与权力、政治和控制的联系极为密切，所以对交互设计师来说至关重要的一点是，要细致地思考自己的工作，审视和反思设计成果所体现出来的价值观。

　　交互设计作为一个健全和独立的学科受到认可也只是过去二十多年的事情，目的是跟上科技进步和科技普及的脚步。随着通信技术和计算机技术在速度上的不断提升，在功能上的不断增强，以及在尺寸和成本上的不断降低，越来越多的消费产品中加入了数字化组件。这些加入的数字化组件往往能从总体上提高产品的实用性，但同时也增加了用户体验的复杂性。因此，交互设计师不得不对原本很简单的产品进行可用性评估，以期缓解这种复杂性给最终用户带来的痛苦。交互设计师经常为由经济利益驱动的大公司工作，用绝大部分时间来理解和模拟塑造用户的目标（用户的目标又与商业目标或技术目标相关），还可能成为消费者心目中独一无二的大师。

　　在认知、记忆和感知方面，交互设计从认知心理学船来了许多相关知识。同时，交互设计又涉及美学和情感问题，因此也借鉴了许多艺术领域的东西。成功的交互设计能在情感层面和高度个人化的层面上对用户产生影响。正如一幅绘画作品可以表达极强的冲击力，一件产品也可以激发感情并传达意涵。

由于大家都经常与网站和软件进行交互，而且数字产品的开发团队也发现与交互设计师合作很有价值，因此交互设计经常被混淆为网站设计或软件设计。此外，商务从业人士也会将其误解为多媒体设计或互动式设计（interactive design）⊖。诚然，互动式媒体的设计师应该掌握交互设计领域所涉及的方法和技巧，但互动式媒体设计几乎总是以技术为中心，而不是以人为中心。大部分专业的多媒体开发都受限于特定软件产品的能力范畴，而不是最终用户的能力范畴，例如某招聘启事中有个"交互式创意经理"的职位，对技能的要求是"熟悉 Adobe Photoshop、Adobe ImageReady、Adobe Illustrator、Flash、HTML、DHTML，能学习并采用新技术和新软件。熟悉 Macromedia Dreamweaver、Flash 及其他类似软件工具。对样式表、动态 HTML、服务器端开发、jQuery、JavaScript 及 Java 等主流互联网相关技术有所了解"——职位要求里提到的都是技术。尽管最终获得该职位的人很可能对人本设计的价值相当了解，但职位描述强烈暗示着一种以技术为中心的企业文化。这种"唯工具论"似乎是在主张：只要提供一组恰当的技能就可解决设计问题。而实际上，设计的过程不仅需要

---

⊖ 所谓"interactive design"是指在软件产品或网站中从技术层面上实现交互性的设计，这本身是个比较窄的概念，强调的是技术实现。在此译作"互动式设计"以便与交互设计区别开。——译者注

缜密的方法论，还需要涉猎相当宽广的技能组合并具有极大的激情。

## 设计过程与对行为的塑造

交互设计颇为复杂，与互动式设计、产品开发、市场营销等重要领域密切关联，同时本身又与这些领域有交叉。在本书后续的篇幅里，我将尝试对交互设计这个领域进行重新定位，让其脱离"技术艺术非此即彼"的尴尬境地，并从强调科技人性化的角度确立其二元性特征。在人与人、人与世界、人与"技术和商业不断演进的本质"如何相互作用等方面，交互设计师必须是专家。就可用性而言，交互设计师这种对行为的深入理解至关重要，因为科学技术的发展催生了极度复杂的系统和服务，以至于理解它们都非常困难。当交互设计师不再只是简单地倡导设计要有可用性，而是开始致力于创建更具诗意（韵味）、更具文化内涵的设计解决方案时，交互设计的潜力才算被真正发挥出来。到那个时候，对行为的深入理解会变得更为重要，甚至还能带来巨大的乐趣。

在可用性层面实现了升华的造物能让人经历激情体验，并产生深刻的共鸣。一件产品总有其独到的特征，这些特征能让我们产生特定的感受。产品的实体成了设计者与观者进行沟通的媒介和渠道，这跟画家通过画布与观众进行沟通是类似的。

设计较之艺术，最大的不同之处也许就在于：在设计里这种沟通本质上是双向的，而在艺术里这种沟通是单向的（如从画家到观众）。交互设计可以作为一种对话，即设计师发言之后，用户会做出回应，如此往复。久而久之，沟通就会变得深切，设计师和用户之间就会产生默契。这种变化往往发生在产品逐渐变得陈旧，或用户逐渐变得老练时。在经过死记硬背形成记忆之后，或随着产品逐渐成为生活方式的一部分，用户就会借由过去的使用经验改变原先与产品进行交互的固有方式。如此看来，设计的最终目的在于让产品与人之间形成一种微妙、持久和直觉化的对话。这如同相守多年的夫妻之间的对话，它能立即发生，往往不需要太多的理性反省。通过行动表达出来的"内心独白"就成了一种无形的、隐含的对话。随着我们逐渐学会了以直觉化的方式来使用产品，我们也就界定出了使用该产品的确切过往体验。这种阶段性与强调持续性的体验设计（experience design）存在直接的冲突。尽管可以通过蛮力强制或反复尝试来持续地塑造自身的行为活动，但产品设计师无法经由产品本身来创造持续性体验。交互设计师的目的正是借由人与产品之间的持续对话来支撑产品使用体验。

# 目　录

第二部分

79 ··· **文化与责任**

# 第一部分

# 过程与方法

## 第一章

# 思考人的问题

交互设计是以人为关注点的创意过程。不少知名设计师和专业学者考察了诸多设计公司所运用的各种设计流程，从中找出共通点，归纳出一套明晰的模式，以此描述从概念构想到完成作品的整套设计流程。这一系列模式阐释了开发一整套交互设计解决方案过程中的各个步骤。值得强调的是，这些步骤几乎从来没有像本书所表述的那样详尽。设计师总是在"只见树木不见森林"的某种朦胧状态下进行工作，但同时又在潜意识层面上隐约感觉到自己身处的"森林"。

## 设计过程

卡内基－梅隆大学（Carnegie Mellon University，CMU）设计学院的 John Zimmerman、Shelly Evenson 和 Jodi Forlizzi 发表了有关用来在设计过程中发现和汲取知识的流程框架的论文 ⊖。该框架包含六个有序的核心组件，依次为：define（定义）、discover（发现）、synthesize（综合）、construct（建构）、refine（精化）和 reflect（反思）⊖⊜。每个组件都确立在前一个的基础上，各包含一组特定的技法和工具。需要我们认识到的关键点在于：该框架旨在从实践中还原出一个通用的设计过程，而在商业设计的具体实践中，几乎不会真的遵循如此明确的过程。

---

⊖　John Zimmerman, Shelly Evenson, and Jodi Forlizzi. "Taxonomy for Extracting Design Knowledge from Research Conducted During Design Cases."初刊信息：*Futureground 04*（Conference of the Design Research Society）Proceedings，Melbourne，Australia，November 2004。以 CD-ROM 形式发行。

⊖　出处同上。各路从业者和专家学者定义设计过程时，选词上的类同颇为有趣。卡内基－梅隆大学的研究者描述的六大组件设计过程与 IDEO 公司的四步（observation、brainstorming、prototyping、implementation）设计过程、Design Edge 公司的三步（define、discover、develop）设计过程，以及 Smart Design 公司的三步（conceive、create、complete）设计过程在本质上都极为相似。这大概体现了设计师在定义自身工作时的某种倾向，同时也暗示着设计师的工作其实是千头万绪、很难界定的。

⊜　本书此处将各概念作为专业术语对待，保留原文并提供中文译词，这样既能减少交流中因中文译词使用太过常见而产生的不必要的沟通负担，也方便读者进行国际化交流。——译者注

## 定义设计问题或机遇

定义（definition）发生在理解问题空间的过程中。设计师几乎没有机会在一块白板上纵情地进行创作，通常都是在承接已经启动的新项目或有过往历史的老项目。比如，设计师可能会被明确地指派"重新设计打印机界面"的任务，以使打印机更易用或者让其支持刚开发的新功能。在设计的这一阶段，设计师充当持批判态度来提供愿景的角色，其能"感觉"到项目的最终产出结果，但又往往不太确定具体应该怎么做才能得到那样的结果。为了将那种"感觉"具体化，设计师可能会明确地列出与任务相关的问题：导航需要重新设计吗？新加的功能有用吗？项目的利益相关者是哪些人呢？这里的团队之前做过什么样的项目呢？其中哪些项目获得了成功，哪些失败了？由此设计师尝试了解欲求和需求，在能体现最终用户切身利益的需求与商业目标之间取得平衡。人本设计过程深深依赖于对目标用户行为的模拟塑造，以期理解用户对新设计可能或应该做出的行为反应。所谓"模型"（model），是真实物品的一种再现（representation），而"用户行为的模型"既体现了用户可能施行的动作，也体现了用户随着时间推移所经历的情感体验。

交互设计师最简单也最强大的工具就是书面文字。语言承载了惊人的能力，包括说服力和丰富的表达方式。当用文字来组织信息时，用其组织出来的叙述内容就能解释系统必要的功能和预期的功用。优秀的人类行为模型须富含细节，使人类行为变得可预期，这与一个人总能预料朋友或爱人的行为一样。尽管这样的预期并不总是对的，但是我们仍然能以某种程度的精确度来预料人在特定情境下有什么样的行为。精确度随时间的推移而不断提高，正如一种长久的关系能使一个人敏锐洞察另一个人如何处理问题及如何面对形势。行为模型亦然：通过与行为模型"朝夕相处"，设计师能越来越精确地预测假想中的用户在新情况下的反应。这种预测可以先于开发的系统本身而存在，也可作为新想法颇具洞见和说服力的依据；既有助于理解和改善既有系统，也可用来构造使用场景以便为系统设定理想的目标、任务和动作，还有助于理解非理想状况下可能出现的行为。

工程师将上述所谓的"场景"（scenario）规范化，称之为"用例"（use case），以便将这种正式的书面描述与所谓"测试用例"（test case，系统化的测试，旨在确认所写代码能正常运作）关联起来。为了将这种用例以图形化方式呈现，人们还发展出了建模语言（比如 UML）。然而，这些规范化的方法都具有独特性，对设计而言是有用但非必需的。书面化的场景是对特定情形的叙述，因此也可将其看作故事叙述，而且将其看作一个人使用产品以达成目标的故事是最有用处的。这种用例故事假设产品已经存在（实际通常还不存在），也假设设计团队对用户想做什么、会做什么了解颇深，多数情况下还假设用户会以理性的方式获得结果，就好像用户能够有选择地忽略某些情感驱力和冲动，或者屏蔽现实生活中的其他干扰。

上述基于场景的产品开发方式有两大好处。其一，对场景的叙述让设计师将关注的重心从技术转移到创造性学习、解决问题和实现目标上，从而使其更关注人本的方面。其二，由于行为本身也存在时间维度，因此场景就形成了对一系列时间点上所出现事物的描绘。工业设计师（industrial designer）和图形设计师（graphic designer）很容易解释其在设计过程中进行视觉描绘的价值：设计草图是解决问题的工具，绘制设计草图不仅能让各种想法图形化（从而具体化），而且实际上还有助于发现并形成解决问题的诸多方案。

创建场景与上述绘制设计草图相同，是发现新想法的有效手段。简而言之，场景相当于交互设计师在草稿纸上画的草图<sup>⊖</sup>。一幅画作获得成功总会得益于某些独到的特征（视角、线条笔触、色调、内容等）；同样，一个场景也具备一些有助于理解产品的要件。

---

⊖ 原文"napkin sketch"本意为"餐巾纸草图"，指人们在餐巾纸上勾画的草图，引申为只用纸笔勾画草图以表达构思。——译者注

## Zimmerman, Evenson 和 Forlizzi 的设计过程描述

### 阶段化的项目设计过程

| define（定义） | discover（发现） | synthesize（综合） | construct（建构） | refine（精化） | reflect（反思） |
|---|---|---|---|---|---|
| • 团队建设<br>• 技术评估<br>• 假设 | • 上下文<br>• 基准检测（benchmarking）<br>• 用户需求 | • 流程图<br>• opportunity map①<br>• 框架<br>• 人物角色（persona）<br>• 场景 | • 功能和功用<br>• 行为<br>• 设计语言<br>• 交互与流程模型（flow model）<br>• 协作型设计 | • 评估<br>• 范围界定<br>• 交互<br>• 规范化 | • 事后分析<br>• opportunity map<br>• 基准检测<br>• 市场接受度 |

### 阶段化的研究知识产出

| define（定义） | discover（发现） | synthesize（综合） | construct（建构） | refine（精化） | reflect（反思） |
|---|---|---|---|---|---|
| • 典型用户模型<br>• 典型用户需求<br>• 客户需求 | • 用户心理模型<br>• 用户过程模型（process model）<br>• 用户与上下文的关系<br>• 对现有产品满足需求情况的小结（简单的回顾） | • 用户、客户和上下文三者间的关系<br>• 辨识差距（发现新产品或新服务的机会）② | • 用户愿意和不愿意接受的过程模型及流程模型的例子<br>• 洞察高层面上的交互设计指导原则<br>• 评估部件（widget）性能及其复用情况<br>• 改进交互流程模型 |  | • 改进设计过程的机会<br>• 设计成果的市场接受度<br>• 新的差距评估（发现新产品或新服务的机会） |

① "opportunity map"是一种常见的分析问题的分析手段，通过把想法和数据图表化，以方便理清思路、评估、权衡各种可能性。由于此词没有统一的中文译法，故在此保留原文。——译者注

② 此处的"差距"一词原文为"gaps"，意同"gap analysis"（差距分析、缺口分析）中的"gap"。——译者注

　　首先，场景要包含产品和用户。在交互设计开发的早期阶段，实际上产品可能还不存在，于是创建场景也是产品开发的形式之一。在这种情况下，可以只有想象出来的产品的模糊外形或者关于产品的一些描述性信息，并不需要具体化的产品。

　　其次，还要有令人信服的故事叙述。故事要包含精确的细节、对知觉的描述以及生动的描述手法。精确意味着细致、准确且定义良好的视角，加上细节，场景就能以文字描述的形式来为观众（设计师）提供综合性强且透彻的讨论。对知觉的描述涵盖了视觉、听觉和触觉，还可以用来形容嗅觉，极少数情况下还用来形容味觉。生动的描述手法能制造丰富多彩、颇具戏剧性的情感反应。故事的基本要素包括情节、人物、环境、高潮和结尾，它们同时也是影视节目的基本要素，是故事叙述通用的形式化要义。

　　最后，要讲述令人信服的故事，其基本原则是要具有特定的视角，而且故事要有主旨。

　　向老板解释说，你需要几个星期的时间写故事，这恐怕是行不通的。为了强调设计与业务的关联性，交互设计师提出了各种撰写场景的规范化手段，比如包含各种变量（角色、目标、任务、益处以及辅助功能等）的矩阵，或者把任务分解后形成的任务流程图。各种规范化做法的要义是相同的，那就是将描述的情况人性化，并将随时间推移而发生的产品使用行为描绘进一个统一、完备的愿景中。

## 发现隐藏的欲求、需求和欲望⊖

在更妥当地定义了项目的范围和目标之后，设计师就要开始收集与给定问题相关的数据信息，这就是设计的"discover"（发现）阶段。然而，由于预算紧张和对该阶段的价值缺乏认识，因此企业和设计公司实施的设计过程中经常缺少这一阶段。发现阶段的主要任务是理解欲求和需求，并积累设计素材。产品设计和图形设计的传统方法着重关注的是与工艺、美感和形式相关的美学品质。解决设计问题仍以情感价值为依据，对成果的评判或批评也往往是在艺术领域的范畴进行的。与之不同的是，交互设计将重心从视效转移到了人这方面。在交互设计中，设计方案的优劣评判是以其与产品最终使用者之间的关联性为基础的。理解这一要点的关键在于，我们需要接受这样一个简单的想法，即"用户不似我"（The User Is Not Like Me）⊖。正是

---

⊖ 原文为"wants, needs, and desires"，其中"want"强调的是对满足某种需求的渴望，"need"强调的是事物的必要性或对其的依赖性，"desire"则强调情感上的诉求，往往指人具有强烈的意图或固定的目标。三者的意义略有差别，敬请读者注意辨析。——译者注

⊖ 我要把这一信条的发展和提出归功于卡内基-梅隆大学的 Bonnie John 教授。尽管其他设计师也意识到他们是在为与自己不同的人做设计，但是 John 教授将这一信条深深烙印在人机交互学院（Human Computer Interaction Institute）学员们的脑子里，培养了好几代真正相信"以用户为中心的设计"的设计师和工程师。

这个简单的想法显著改变了设计创作过程中的关注点。

一旦设计师接受了这个核心哲学，那就意味着其要认识到：消费者是个独特的群体，而产品开发团队的全体成员都会对产品存在某种偏见，此即"专家盲点"（expert blindspot）⊖。对一个事物知道得越多，就越发不记得"不知道这个事物"时的情形。深入掌握专业技能使得一个人几乎没办法想象身为初学者的感受。

为了说明这一点，接下来看个例子。假设你受雇于一家欧洲电信公司，公司希望在非洲拓展业务（硬件产品和服务），以便从潜在消费者众多的发展中国家获利。公司已经有了一款针对英国设计的一套移动产品，其中包括游戏、搜寻零售点的应用，以及录制视频并与朋友分享的功能等。把界面改为其他语言然后在非洲出售，这件事情似乎不费吹灰之力。

现在来考察非洲的一些微妙的具体情况——且不谈非洲诸国人民讲 2000 种语言，非洲有超过 40% 的人文化程度很低⊖。虽然大部分人都能用上移动设备，但是许多国

---

⊖　"专家盲点"意指人获得了专业知识之后，就变得很难从不具备这些专业知识的人的角度来看问题。在 IT 领域，这种情形一般是指开发人员醉心于技术或抱有"技术至上"的心态，而忽视了从用户的角度考虑设计和可用性等问题。——译者注

⊖　International Literacy Day, September 7, 2001. < http://www. sil. org/literacy/litfacts. htm >

家的情况是一群人（甚至是整个村落）分享一台设备。有些地区能享受 100% 的服务覆盖率，但是偏远地区甚至只有 42% 的服务覆盖率<sup>⊖</sup>。即便如此，在诸如南非这样的大部分非洲南部国家，手机已经成为支付、摄像，甚至是医疗保险的媒介。

"用户不似我"，要使用你的产品的人，在基本观念、文化常识和认知模型方面与你有着根本性的差别。他们完全是依据他们的基本观念、文化常识和认知模型来使用手机服务和产品的。如果只是简单地针对既有产品做语言转换（这个过程通常称为"本地化"），而不把功能、能力和行为上的根本性变化纳入考量，那么这就是对最终用户丰富的文化差异的忽视，这样做几乎绝对会失败。为了理解"用户不似我"，交互设计师在实践中会进行用户研究（大量借鉴人类学等社会科学的知识），注重和强调人作为个体的多样性，而不局限于运用市场人员通常采用的统计式量化研究方法。

人种学（ethnography，也作"民族志"）可被看作通过观察对人类的社会化生存状态所做的定性描述。这种所谓的人类生存状态意味着，社会现象衍生于文化，在个体

---

⊖　Smith, David. Africa calling: mobile phone usage sees record rise after huge investment. Guardian, October 22, 2009. < http://www.guardian.co.uk/technology/2009/oct/22/africa-mobile-phones-usage-rise >

与个体之间发生交互时才存在。通过亲临现场对个体之间的交互进行实际观察，这种方法是由人类学家 Bronislaw Malinowski 首次提出和推行的。在第一次世界大战期间，Malinowski 深入澳大利亚以北的巴布亚岛（Papua），考察了岛上的本土文化，并将考察结果记录在 *Argonauts of the Western Pacific* <sup>⊖</sup>一书中。Malinowski 的方法的独到之处在于，利用第一手的现场观察结果来记录和分析当地的日常生活。由此，他也堪称是将参与观察法（participant observation）<sup>⊜</sup>作为人类学研究手段的第一人。

参与观察法是交互设计的重要组成部分，因为它正式地认可了这样一个事实：一件产品只有被放到其社会环境中时，这件产品的存在才具有合理性和实在性。制作一件美观、可用或者物美价廉的产品，并不能保证产品成功。我们需要把产品以妥当的方式纳入其使用和销售的文化情境中，这就要求对其文化的价值体系有着透彻的理解。这正是艺术与设计之间的关键区别。艺术可被观者赏识，艺

---

⊖ Bronislaw Malinowski. *Argonauts of the Western Pacific.* Waveland Press, Reprint Edition, 1984.

⊜ 参与观察法是文化人类学、社会学、交际研究和社会心理学等诸多领域常用的一种方法，旨在通过与身处其原始环境中的人进行长期深入接触来充分熟悉和理解一个群体（比如宗教团体、专业群体或者亚文化群体以及特定的社区等）。详情请参见 http://en.wikipedia.org/wiki/Participant_observation。——译者注

术作品可以在创建或艺术家认为完成了的时候，就被认定为是成功的。艺术作品及艺术家也能与"用户"（即观者）建立某种对话，但这种对话是完全开放和不受限的。而设计则与之相反，在用户完成对产品的使用和消费之前，设计并不能真正地被认为是成功的。与艺术和观者之间形成的对话相比，设计与用户建立的对话具有更多更深层次的限制，好的设计能让用户流畅地参与这种受限的对话过程。

交互设计师采用人种学研究方法，是为了尝试理解两个问题：其一，人们做什么事情；其二，为什么人们做这些事情。第一个问题很容易弄清楚，然而识别第二个问题的答案则是极度困难和耗时的，因为人往往很难解释清楚为什么做自己在做的事情，而且从旁观者角度来看，人类行为常常会显得不合逻辑。如此一来，若要将研究结果转化为有价值的设计准则，从收集到的数据探寻意义的解释过程至关重要。若把设计与更传统的市场调研相比，这个解释的过程正是两者在技能上的关键区别之一。解释过程通常需要信仰的跃升（leap of faith）或者直觉的跃迁<sup>⊖</sup>。作为艺术家的设计师学着相信这种直觉，而作为商人的市场专员则经常被教导要怀疑或忽略这种直觉；也许后者会

---

　⊖　"leap of faith"指的是相信或接受难以理解或未经证实并无确凿证据的事物。leap（跃升）强调的就是跨过难以置信或无法接受的理由。——译者注

因此而持有更完备的"说法",但前者更有希望与目标群
体产生同理心,从而提供更有价值的洞察。

如果把人种学的一些研究方法直接应用于产品开发,
用来确定消费者会不会购买特定的产品,愿意花多少钱购
买,喜欢什么样的颜色、纹理、材质、大小和形状等,那
么其大部分手段其实并没有那么管用。尽管问卷调查或访
谈这类手段可以触及上述这些细节,但是估计和把握这类
偏好上的细节仍然是很困难的。人种学研究方法对设计的
真正帮助在于,它能帮助设计师辨识既有设计存在的问题
(产品使用过程中微妙的细枝末节),理解人们如何工作、
娱乐和生活,辨识人们为什么如此这般地使用产品、服务
或系统。人类学的一个基本主张在于,环境塑造了社会诸
多方面的因素,对于工作场所或家庭这样的"小社会"来
说也是如此。有一种人种学研究形式强调"理解人在真实
场景中开展工作的方式"的重要性,这个理解过程称为
"实境调查"(contextual inquiry)⊖。

## 工作环境中的实境调查

实境调查与访谈(interview)类似,但它还注重考察

---

⊖ "contextual inquiry"这一术语目前没有统一的中文译法,contextual 一
词强调的是在实际的工作场景和环境中进行观察调研,因此我将该术
语译作"实境调查"。——译者注

这样的情况：人对工作环境的认知水平以何种方式、何种程度来影响和引导人的行为。人种学家 Karen Holtzblatt 和 Hugh Beyer 总结出了实境调查的四大原则 ⊖：focus（焦点）、context（上下文）、partnership（合作关系）和 interpretation（解释），它们强调的正是"用户不似我"。交互设计师可以借助这四大原则真正深入理解目标群体在工作中不可见的行为结构、隐藏的需求和欲望。

首先谈原则一：焦点原则。人人都有各自看问题的视角。问题在于，特定的视角既揭示了一些信息，又隐藏了一些信息。当依循已经建立起来的固有方式着手解决问题时，要对可能出现的变故抱有开放的态度就会比较困难。然而，反之也同样有问题：若不采用任何方式，毫无头绪地开始着手处理问题，几乎是不可能的。焦点正是在实境调查中为了描述"要考察什么事物"而预设的视角，它为设计师提供了可借以着手考察的核心主题，也为设计师提供了可借以明示的陈述。这种陈述可看作对焦点的陈述，它对于阐释调查背后的道理尤为重要。焦点陈述从概念层面上确定了调查的结构。

比如，如果为了考察和理解文印店所使用的工具的情

---

⊖　Karen Holtzblatt, and Hugh Beyer. *Contextual Design*: *A Customer-Centered Approach to Systems Designs*. Morgan Kaufmann, 1997.

况而进行调查，那么下列任何一种焦点陈述都是妥当的：

1. "本次调查的焦点是理解创建打印文稿的过程。"

2. "本次调查的焦点是理解用于创建打印文稿的工具的复杂性，以便简化设计师使用工具的过程。"

3. "本次调查的焦点是考察设计师在创建打印文稿过程中使用的打印工具和装订工具，并重点关注油墨、耗材和维护等方面的问题。"

上述三条陈述，一条比一条具体。这种具体化为设计团队提供了非常多的细节信息。当然，通过具体化获得这些细节是以丢失一部分大局观为代价的，因此我们给出的焦点陈述必须能与更高层面的目标或战略性的项目陈述相切合。这种更高层面的对目标的陈述通常由客户或高层主管定夺，对于制定调查的方向性目标具有指导意义。

再来谈原则二：上下文原则。上下文意味着工作场景中各种交错关联的条件或状况。这一原则在理论上最容易为人接受，而在实效层面上却最难实现。要理解上下文，就需要亲临现场：要去用户所在的地方，而不是叫用户过来找你；要在用户真实工作的地方亲自观察用户的行为。这件事情说起来简单，却又让人摸不着头脑！

接下来看一下前述的例子：你是一位交互设计师，任务是设计打印机的界面。为了真正理解用户如何通过既有的工具进行打印文稿的操作，你需要查看用户完成操作的上下文。获知了这种上下文，就能充分地了解用户究竟是如何进行文稿打印的，同时还能了解到现有打印机存在的不足。你能溜进一家文印店，然后观察用户的工作吗？你怎么知道刚好在你溜进来时就有用户在使用打印机呢？如果用户弃用打印机，改用手写方式完成工作怎么办？且不说为了进入用户的办公室观看那一两分钟的打印操作，需要花多少时间做事前准备。费尽周折跑到用户的办公室，架设好录像设备，只为了等待用户按下寥寥几个按钮完成打印，这一切是否真的值得呢？

答案是：当然值得！花费这些时间和精力是值得的，但要解释为何值得却极度困难——如果持怀疑态度的经理还要求你必须让客户为你的任何支出付费，那么解释起来就更困难了。上下文为创新提供了养分。有一些精妙的智慧隐藏于工作空间、用户的言语和用户使用的工具中，它能够促成革命性、突破性产品的诞生，还能解决既有产品的问题和不足。人总会做些奇怪的、无法预期的事情，能够亲临现场观察和记录这些微妙的人性瞬间，会为产品开发过程提供无法估量的价值，因为这些细节能激发设计洞察力，并为设计团队中的其他成员提供设计决策的依据和有力支持。不过，比捕捉"神奇瞬间"（你到访的时候不太会出现）更重要的是，理解上下文所蕴含的文化因素。

接着谈原则三：合作关系原则。一旦亲临了工作现场，即实际工作的环境，你也许就会觉得，应该保持安静并随着用户自发地开始工作而进行观察。大部分人都认为，他们的到场会扰乱用户原本自然的工作流程，因此应该尽量保持低调，不引人注目。然而，由于实境调查的目的是收集尽可能多的数据，因此必须抛弃这种保持低调的想法，并在调查中争做活跃的参与者。这种参与以合作关系的形式实现，与传统的师徒关系相类似。学徒不会只是静静地坐在那里观察，而是会参与其中，做各种尝试，提出问题，并协助师傅完成工作。同样，在文印店观察用户进行文稿打印时，向用户提问是必需的：为什么你要那样做？那是你期望的结果吗？你正在做什么？我可以试试吗？既有的经验只能指导调查者更好地把握何时提问以及何时保持沉默；而师徒关系的观察方式能让调查者深入地了解工作的微妙细节，并真正充分地获得被观察者的信任。

最后谈原则四：解释原则。解释是指对事实赋予意义的过程，是一种主观的综合（synthesis）过程。它既是实境调查最关键的步骤，也是最容易被忽略的步骤。忽略这么重要的原则，有哪些可能的原因呢？坦率地说，是因为解释很困难。对数据予以解释，意味着提出一个又一个的问题，设立一个又一个的假设，不断触及"为什么人们这样做事情"这个最重大的问题。解释应该依循上下文来进行，然而关键的解释通常是在"实验室"里做出的，比如在设计工作室里（当设计师忙着绘制草图，工程师忙着建模时），或者在某次会议中（与会者忙着传阅被打印并装订成册的数据报告时）。解释是一个定性的过程，因此它可能出错。这样一来，用解释来佐证设计决策就变得很困难。尽管如此，解释仍然是一种颇具创造力的综合过程，它让发现阶段能平滑、优雅地过渡到实际的成品设计阶段（即建构阶段）。结合多种数据分析技巧的解释过程可以颇具成效并带来巨大收获。

解释还经常出现在设计师的脑海中。这种"灵光一现"可能发生在洗澡的过程中，也可能流露在餐巾纸背面的草稿涂鸦中。交互设计师理解将解释过程塑造为可重复的、正式的流程至关重要。优秀的交互设计师不仅能给出实用的解释，还能阐明解释过程的必要性。

在项目的发现阶段，市场营销部门会频繁参与进来。在许多公司里，市场营销部门甚至会在不寻求与设计部门协作的情况下，主持整个发现阶段的工作。由此，从表面上看，交互设计与市场营销似乎有诸多共通之处——双方都关注人的行为，都关注品牌和表现形式，都注重理解产品使用体验的价值。然而，在对收集到的数据进行解释这一方面，设计部门的做法与市场营销部门的做法截然不同。市场营销部门主要依靠统计手法进行归纳并收集意见，使用小群体的统计数据预测大群体的行为、感受和购买力；而交互设计部门主要关心实际的人类行为（一般是少数人的行为，而不是多数人的行为），利用小群体的定性数据来斟酌如何进行设计。

## 焦点小组与竞争分析

焦点小组（focus group）一直是市场营销公司收集数据的常用手段，它与调查问卷、竞争分析（competitive analysis）一起组成了从最终用户收集意见、想法和需求的核心手段。典型的情况是，营销公司会针对网络论坛用户、志愿者或者商场里的顾客进行民意测验，以获得这些人群对新老产品的感想。从表面上看，这种手段是完全以用户为中心的，对于了解消费趋势颇为有用。尽管这种手段确实可以善加运用，但是它也很容易使人误解和误用从焦点小组得到的结果。

焦点小组是否成功取决于焦点小组的主持者是否优秀。这位主持者要能不偏不倚，要有创意，要具备同理心，要能迅速理解和把握对话的方向和流畅度，还要能随机应变，处理无法预见的情况。这样的人能有几个呀！焦点小组的具体实施方法是，由 6 ~ 8 个人展开连续且言之有物的讨论，这些人要具有某些类似的特点，且互相之间都不认识。在这种规模的群体中，最可能出现性格上的各种差异，而其中有些差异能够完全破坏整个焦点小组的价值，比如发音差异（有些人说话声音比其他人更大）、道德方面的对立（大家可能就道德规范或行为举止的基本问题发生争吵）。然而，最糟糕的还是"冷淡"的焦点小组，其中的组员都很容易被其他组员说服、拉拢和调教。遇到这种情况，收集到的数据不但很糟糕，而且其反映出的情况经常与事实相反，在后续的分析过程中几乎都会被弃用。

最重要的是，实施欠妥的焦点小组只能体现假想情况下的人类行为。缺乏经验的调查者可能会问出包含主观意见的问题，还可能会鼓励他人考虑"如果是你，你会做什么或买什么"这样的假想情况。在只有虚拟货币的假想情况下，人会变得更愿意在想象中"购买"任何东西——人在想象中愿意花的钱比实际掏钱购买的情况下的多得多。这种假想情况下的意见几乎都不能用来直接解释人的行为<sup>⊖</sup>。由此可见，从焦点小组所获数据的价值完全取决于主持者

---

⊖ 芝加哥的 Doblin 公司已故的创始人 Jay Doblin 曾经追忆过一件轶事，情况恰是如此：调查者要求焦点小组就一些圆珠笔提看法、做讨论。有的笔是蓝色的，有的是黑色的，而成员们则详尽地讨论为什么黑笔在所有方面就是比蓝笔好。讨论结束后，作为对他们所付出时间的回报，调查者允许每个人拿走一支笔，权当作谢礼。果不其然，所有人都拿走了蓝笔，撇下了他们"更喜欢"的黑笔。

的能力，也许做设计的人比做市场的人更能在这种形式的研究中把握住用户吧！

在将人种学的研究手段应用于设计的发现阶段时，应该以用户为关注重点，而不是以竞争为导向。竞争分析——或称"竞争产品对比评测"（competitive product benchmarking）<sup>⊖</sup>，是用来了解已面市诸产品之异同的一种方法。竞争分析的结果通常包括产品竞争矩阵，其中会突出功能特性方面的趋势。

竞争分析对于理解战略性市场定位而言是颇具价值的工具，然而，它经常被用来替代人种学方法、用户测试、需求分析或者更正式的产品评估。这是非常有问题的，原因有三。其一，竞争分析关注的重点在于功能，而不是目标。收集功能并分析功能组合的异同，表明设计团队默认将"增加功能"作为设计的目标。然而，无论是产品功能的数量，还是产品功能的范围，几乎都与用户无关，因为用户更关心诸如目标、任务和活动这类问题。

其二，只依靠产品竞争分析进行设计，还隐含着一个更大的问题，即"经由竞争而加入的功能就是恰当合理的功能"这种假设。产品的功能和价值在公司内部整个生产

---

⊖ "competitive product benchmarking"意指将处于竞争关系的几种产品做横向对比，以探异同。该词未见统一的中文译法，在英文中也有多种说法，故意译为"竞争产品对比评测"。——译者注

链条的沟通中被不断歪曲，以致公司之间的产品对比几乎是毫无用处的。

其三，公司发行部门和销售部门内部的沟通渠道总是含糊不清、错综复杂的。倘若设计团队只是抱着抄袭的心态来考察竞争对手产品的功能特性，那么总会有些特定的功能被毫无根据地挑拣出来，并逐渐充斥于该产品门类的整个市场中。想一想诸多 SUV 车型是如何席卷汽车市场的，或者回顾一下诸多汽车公司是如何有了给汽车引擎起名字（比如"hemi"）的需求的，就不难理解这种情况了。设计的发现阶段应该聚焦于理解用户的目标和任务，而不是关注产品的功能特性。特定功能的出现是在后续过程中发生的，是由用户需求驱动的，而不是由竞争对手的产品驱动的。

## 综合、建构和精化

经过了设计的定义和发现阶段，设计师就要开始"综合、建构、精化"的迭代式设计过程了。这是设计过程中最难把握，恐怕也是花最多时间的三个阶段，因为它们非常依赖设计师的经验、直觉以及天赋。这三个智慧密集型的阶段依靠的是三种手段：其一，快速绘制构思创想图（广泛地绘制草图和记录想法，以便探索解决问题的多种方式）；其二，通过场景和故事板（storyboard）发展故事叙述方面的额外线索；其三，思维映射<sup>⊖</sup>（作为概念构思和问题求解的创造性方法）。设计师要经历一个杂乱的创造和反思过程，通过真实用户和设计师同胞验证自己的各种想法，逐渐雕琢出特定的方案。在整个构思过程中，设计师同时经历着收敛和发散的思维过程。

收敛型思维旨在定位最佳答案，即给定问题的最优解决方案。典型的收敛型思维会把潜在的诸多想法逐个筛除，直到剩下最佳想法为止。设计师运用这种收敛型思维方式来定夺最终的解决方案，并使其能很方便地呈现给产品开发周期所涉及的其他利益相关者。经由收敛型思维方式选拔出的解决方案本身就具有一些让其看起来方向正确的迹象，这种正确性令人熟悉或者让人觉得保险。然而，优秀的设计师还会用适量的发散型思维来平衡收敛型思维。

发散型思维是有风险的，因为其结果可能是无法预知的、不合逻辑的，甚至是错的。然而，它同时也能带来新颖的想法，挑战人们审视产品和做生意的传统方式。这种思维方式强迫设计师切换视角，放下熟悉迹象带来的安全感，以便探索更多的可能性。为了做到这一点，设计师需要列出大量的想法，并且把对这些想法的评判工作推迟到

---

⊖ 原文为"mind mapping"，意指通过绘制思维导图（mind map）或类似方法进行构思。——译者注

设计过程中相当晚的时候进行。

Richard Buchanan 在他的著作中就鼓励和协助设计创新的发展进行了探讨，指出转变思考"位置"（placement）<sup>⊖</sup>的重要性："当最初的构思被放置到思考框架中另一个地方时，就会引发新的问题和想法，这时创新就会出现。"<sup>⊜</sup>Buchanan 描述了符号（sign）、事物、行为和思想之间如何相互启发，进而构建创造性的想法。不妨考虑新事物的设计，以设计一把新椅子为例。常规的视角是将椅子作为实体物件来设计，而如果我们转变思考"位置"，改为从行为、符号或者思想等层面考察椅子，就会得出"把椅子当作一种服务"或者"就座之道"等疯狂的创造性想法。这种思考的"换位"及其转变能力就是 Buchanan 所指的"设计思维的'准'要义"，设计师可以由此塑造出适合特定情形的可行方案。

发散型思维和收敛型思维既需要分析能力（涉及逻辑、工程学，以及"妥当的解决方案"开发方面），也需要创造能力（描绘、思维映射、天马行空<sup>⊜</sup>）。这种双重性

---

⊖　意指把想法放到另一种情境中，换一个角度来思考和审视，从而获得新的洞察，引起新的思考，激发新的想法。——译者注

⊜　Richard Buchanan. "Wicked Problems in Design Thinking." *The Idea of Design*. Eds. Victor Margolin and Richard Buchanan. MIT Press, 1996, p. 9.

⊜　原文为"blue sky thinking"，意指抛开既有思维局限，放开创想，与"天马行空"意思接近。——译者注

的能力组合并不多见，却是设计师获得成功的必要条件。设计师要能不断地画图、思考、制表和写作，一次次精化构思，剔除错误想法，以便最终发现正确想法（这正是收敛型思维的实践）。不过，在设计中采用"错误"和"正确"这样的字眼相当有局限性，用词显然是不够妥当的。如果某个想法不能在给定的有限设计空间中得到良好应用，那么设计师就可能因为该想法"不够好"而弃用它；而如果某个荒唐的想法确实能满足客户提出的限制条件或者符合客户给定的指导原则，那么设计师也可能因此而接纳它。对设计所施加的限制是人性、技术和美感三种因素的混合体。设计的难点有二：第一个难点是如何发现隐含的限制条件（设计过程本身也有助于发掘这些不可见的限制）；第二个难点是如何把握隐含限制条件与明确的限制条件之间的平衡（这些明确的限制条件通常是由客户或者业务主管给定的）。

　　要想了解构思出来的产品是否成功，一个很重要的手段就是利用代表着目标群体的真人对其进行测试，不仅要测试产品的吸引力，还要测试其是否容易被用户理解。测试设计想法既有正式的手段，也有非正式的手段。一种常见的误解是，正式的测试手段只能用于成熟的想法。而实际上，为了收集关于"想法是否可用、是否有用"的数据，诸如 Think Aloud Protocol（TAP，即想即说）等正式的方法都可以用于测试新的、尚不完善的想法。

TAP 方法也被称为 Talking Aloud 或用户测试（User Testing），它是一种评估手段，常用来考察人们使用软件界面时出现的问题。同时，TAP 也深深植根于人类更微妙也更重要的一个方面，即探究人如何解决问题。

每个人每天都要解决无数的问题。这里所谓的问题，不一定要像数学方程式那么正式。不妨想一想这样一个越来越常见的问题，即如何使用手机来打电话。从熟悉手机上的各种按键、通过菜单进行导航，直到拨通电话号码，这些都是需要解决的问题。对于任何能塑造复杂用户体验的业务来说，理解人们解决这类问题的方式的方法是有巨大价值的。

美丽的思想家<sup>⊖</sup>、可称为人工智能领域之父的 Herb Simon 也对"人们解决问题的方式"感兴趣，不过他的研究目标比创造手机更高一些。为了创造能模拟或预测人类行为的智能计算机系统，他必须先理解人类行为的运作方式。为此，Herb Simon 与 Allen Newell 一同开展了一系列试验，以期了解关于认知、工作记忆（working memory，指暂时存储的信息以供当时使用）和长时记忆（long-term

---

　　⊖　原文为"beautiful thinker"。——译者注

memory）的问题<sup>⊖</sup>。他们通过这些试验得出了结论，认为人能在做事情的同时表述其正在做的事情，而且不会因此影响做事结果。也就是说，一个人可以一边拨电话一边解说其正在做什么（拨电话），只要期间不被要求解释为什么这样做即可。这种对所做举动进行的连贯描述被正式称为"规程"（protocol）<sup>⊖</sup>，它能让我们深入了解测试参与者的工作记忆内容。测试人员可运用此手段来了解被测试者正在做的事情，并可以在之后对"被测试者为何会这么做"进行解析。通过理解人们所做的事情，设计师就能了解人们什么时候会犯错，并且解析这些错误，还能对错误进行可信的陈述。此外，通过全程观察人们的行为，设计师还能了解行为背后的动机。行为具体表现在为达成目标

---

⊖ Herb Simon 和 Allen Newell 对于计算机科学和认知心理学的贡献很显著，他们的名字始终广泛出现在诸多交互设计和人机交互的文献中。在人机交互领域的起步时期，Newell 就与 Stuart Card 和 Tom Moran 一起为人机交互领域建立了统一的愿景，并合著了 *The Psychology of Human-Computer Interaction* 一书。他还协助建立了卡内基－梅隆大学的计算系统和计算机科学部门。Simon 的成就与 Newell 的不相上下，包括在 1975 年与 Allen Newell 共同获得 ACM A. M. Turing Award（ACM 图灵奖），以及在 1978 年获得诺贝尔经济学奖。卡内基－梅隆大学人机交互学院（Human-Computer Interaction Institute）所处的 Newell-Simon 礼堂更是让世人记住了 Simon 和 Newell。

⊖ 在自然科学中，"protocol"指的是在进行试验时，预先书面制定的试验流程和方法，以供其他人在进行相同试验时能够以同样的方式再现试验结果，故在此译作"规程"。——译者注

而完成的任务的一系列具体步骤里。设计师可以从行为中辨析出"规程",并由此考察行为背后的奥妙。

为了成功施行 Think Aloud User Study（Think Aloud 用户研究），设计师需要具备三个要件：原型（prototype）、参与者和一组任务。原型是最终产品的替代表现物，其保真度的高低无关紧要：若要测试一款软件，其原型既可以是真实可用的软件，也可以只是手绘的界面图。测试实体产品时，原型的完成度取决于要完成任务的复杂性。

正如原型应该代表最终产品一样，用户研究的参与者也应该代表产品的最终用户：若要测试在厨房使用的产品，那就要物色经常在厨房劳作的人——能真正代表该产品目标用户的参与者。

参与者需要完成一组任务，这些任务旨在让参与者完成一系列在正常情况下使用产品的行为，因此任务应该基于可遇见和可能的用户目标进行构造。

一旦有了原型，招募了参与者，构造了任务，进行用户研究就顺理成章了。整个过程如此简单，以至于看起来太容易了。然而，用户研究的难度并不在于实施，而在于对研究结果的解释和应用。原型会被呈给参与者，参与者会被告知使用该原型来完成特定任务。用户研究人员会要求参与者在完成任务的过程中大声说出其正在做的事情。

倘若参与者停止了说话，监督者就会要求参与者继续说下去，但不会以任何方式帮助参与者完成任务。这种指导经常让人觉得怪怪的，因为参与者意识到其实他们得不到任何帮助，仍需要独立完成任务。不过，一旦树立了规则，并且示范过这种"即想即说"方式之后，参与者通常很快就能掌握参与技巧，只需要很少的提示就能持续地做到边做边说。

还有一种不太正式的用户研究手段也同样有用。与上述侧重"说出工作记忆内容"的做法相比，这种做法更侧重通过监督者指导参与者进行考察。监督者可能会向参与者提出诸如"这是你期待发生的情况吗？"或"你好像有点迷惑，屏幕上是否出现了意料之外的东西呢？"之类的问题，以期了解参与者的反应。任何形式的用户测试的价值都在于测试过程中记录到的关键事件（incident）⊖："所谓事件，指的是任何人类行为，其包含的信息足够完整，以至于我们能由此对正在做出该行为的人的后续行为进行推断和预测……严格地说，关键事件只能发生在行为的目的或意图对于观察者而言非常明晰，而且其结果具有足够的确定

---

⊖ 此处的"incident"出自"The Critical Incident Technique"（CIT）（http://en.wikipedia.org/wiki/Critical_Incident_Technique）。CIT 是一套用来收集信息的流程，旨在通过直接观察人类行为找出关键的或符合特定标准的信息。——译者注

性、影响几乎不存留疑问的情况下。"[一]这样的事件往往意味着与导航（navigation）、认知结构（cognitive structure）或标识（labeling）相关的设计错误，可为处理与界面设计、物品设计相关的问题的方式提供极好的洞察。

也许，比发掘可用性问题更有价值的地方在于这类用户研究的直截了当的方式：设计师可以很容易地与利益相关者及其他资助或审定项目的人员一道就可用性问题进行沟通。用户测试的视频录像可以直接拿给工程师、项目经理、产品经理、市场人员，或者其他产品开发相关人士观看。参与者的真实反应为检视设计方案提供了恰当的上下文。这类用户研究能展现实际发生的情况，因此设计师不用拘泥于探讨或争论"用户实际使用时会发生什么"，也不用杜撰假想的用例（use case）。视频录像的价值之大，怎么强调都不为过。

## 深沉的反思

在 John Zimmerman、Shelly Evenson 和 Jodi Forlizzi 提出的设计框架中，"反思"是最后一步，这个步骤用来评估成败得失。"设计研究人员可以全程检视他们自己的设计

---

㊀　C. John Flanagan. "The Critical Incident Technique." *Psychological Bulletin*, 51（4）, 1954. pp. 327–358.

过程，并找出能提高效率的地方。通过反思和总结案例研究，设计师还能研发各种模型，以便从时间和资源方面更精确地估计未来的项目。"<sup></sup>⊖

遗憾的是，这一关键步骤几乎总是被专业设计人士忽视。评估（assessment）意味着内部的评论和批评，而大部分公司则更愿意将这一工作留给公共关系部门或外界的产品评论。评估需要在用户和项目的级别进行，而不是在质量保证的级别进行。美国的商业公司基本没有接受和发展所谓产品成功的基准。对于许多工作强度大的设计咨询公司来说，反思等同于浪费时间。反思是没有产能的活动，花费时间和资源在反思上面经常被认为是不明智的。

设计属于创意领域，因此要成功地进行创造，设计者就必须在感觉上达到一种所谓"流"（flow）⊖的状态。所谓"流"，除了其常规概念之外，指的是"自我质疑的消失"和一种近乎自发（auto-telic）、自动的创意过程⊜。设

---

⊖ John Zimmerman, Shelley Evenson, and Jodi Forlizzi. "Taxonomy for Extracting Design Knowledge from Research Conducted During Design Cases." *Futureground* 2004（Conference of the Design Research Society）Proceedings, Melbourne, Australia, November 2004.

⊖ Mihaly Csikszentmihalyi. *Creativity：Flow and the Psychology of Discovery and Invention*. HarperPerennial, 1996.

⊜ "flow"源自心理学术语,意指人全神贯注,完全融入所进行的活动时的心理状态。具体可参考 http://en. wikipedia. org/wiki/Flow_（psychology）。——译者注

计初学者会痛苦地意识到创意过程的存在，会对自己的创意和技能进行反思、质疑和自我批评；他们就像早熟且笨拙的 13 岁小姑娘，比其他同龄孩子高出一头，忍受着无法融入群体的煎熬。这种对自身"缺陷"的痛苦认知也引起了其他人对这些不足的关注和评论。Malcolm Gladwell 在 *Blink* 一书⊖中讨论了这种创意过程的脆弱性，并将创意过程（所谓的"流"）与运动过程（所谓"进入状态"⊜）联系起来："……那些需要瞬间洞察的问题由不同的规则主宰……作为人类，我们具备出色的洞察力和直觉……所有这些能力都极为脆弱。洞察力不像灯泡那样可以在我们脑子里打开关闭，而是像闪烁的烛光那样，很容易熄灭。"⊜对于设计过程这种难以结构化的本质，成熟的设计师会予以尊重并接受，而且，由于能够预料到创意过程的错综复杂，设计师也能够在设计过程中彻底忘掉这一点。由此，整个过程将顺其自然，称为"设计直觉"的现象就出现了。

上述设计过程似乎非常简洁，看起来像是线性过程。但实际上，整个过程是难以捉摸、反反复复和杂乱无章

---

⊖ 简体中文译本为《眨眼之间》。——译者注

⊜ 原文为"in the zone"，与"flow"意思相近。——译者注

⊜ Malcolm Gladwell. *Blink*：*The Power of Thinking Without Thinking*. Little, Brown, 2005. p. 122.

的，连贯的过程通常意味着人们对其结构浑然不知。这就是说，在连贯的过程中，我们很难界定其中每个步骤的开始和结束时间。尽管步骤有其特定次序，但是也会经常有步骤的交叠和重组。设计过程的杂乱特点对于设计师而言是棘手的，对于客户而言更是如此，因为每个项目都是独特的，很难从细节层面预测在设计的每个阶段会发生什么情况。如此一来，过程的外化（externalization）对于设计过程的解析和沟通来说就至关重要了。这种外化就是要把设计中反思的、直觉的和杂乱的部分通过图画、建模或实体等方式表达出来。

## 直觉的角色

设计直觉不太像是关乎创意的基因特质。正如一个人并非天生就是医生或律师一样，设计师最终也必须选择一条职业道路，然后通过海量的练习积累这条道路所需的特定技能。因此，许多人称为"直觉"（intuition）的东西并不是学不会、教不会的，而是一种可习得的、对设计过程的理解和认识。这种理解和认识通过经验塑造而成，通过大量的时间和实践不断精化。设计师可能看起来是在依据直觉进行工作，但这种浑然天成的神奇本质对于工程师或商人而言无足轻重。设计师在工作实践中学会了将设计过程进行外化与合理化，其目的是减轻"解释为什么某种设计就是'感觉很对'"而带来的痛楚。

相信自己直觉的设计师并不会摒弃之前所述的过程化设计方法，而是会学着通过自信和个人经验这两股力量来把握设计过程中的平衡。自信让设计师能够形成自己的观点并对此深信不疑。自信源自个人经验，而这种个人经验几乎与当前给定的设计问题无关。法国设计师 Philippe Starck <sup>⊖</sup>的设

---

⊖ 法国著名产品设计师，以其"New Design"（新设计）风格著称，设计过许多量产的消费类产品。值得一提的是，他设计的 Juicy Salif 榨汁器在设计专家 Don Norman 的著作 *Emotional Design*（情感化设计）中提到过。——译者注

计成果广泛见诸美国零售商店，深入许多美国人的生活。他非常支持所谓"直觉设计"（intuitive design）。他的自信显然来源于其戏剧性且通常有趣的工作方式。他借以发挥的个人经验似乎与设计毫不相关，而是关乎性和人类形体的色情本质。

Starck 解释道，作为设计师，你"必须负起责任，有你自己的意识……我只依据直觉进行设计"○。考察这种直觉方式所带来的结果自然是有趣的：Starck 生活无度，一直被形容为"婚姻不忠"或"花花公子"○。或许他确实如此，但是他在 Target 公司设计的产品取得的瞩目成功暗示着，他成功地在产品的目标受众中触发了情感反应。

并不是所有知名的、成功的或高水平的设计师都崇尚依靠直觉行事。设计公司 Philips Design 的 CEO 兼首席创意总监（Chief Creative Director）Stefano Marzano 就设计师的角色表达了几乎截然相反的看法。Starck 说："……已经有成千上万把非常非常好的椅子。已经有成千上万盏很好的台灯。所有事情都已成千上万……我对设计师不感兴趣。"而 Marzano 则采用了更为精炼和理智的方式，将过程驱动（process-driven）的设计方法学视为在商业中实现差异化的

---

○ Philippe Starck. Lecture at Harvard University Graduate School of Design：Design Arts Initiative Lectures. October 1997.

○ 截至 2011 年，他已经有过四次婚姻。——译者注

重点<sup></sup>。在德国汉堡的 German Marketing Association Conference 的一次演讲中，Marzano 解释道："所谓的'艺术化'（arty）产品设计，即诸如 Philippe Starck 设计的那些颇为个人化的设计……也许会为商业竞争提供一段时间的差异化优势，但其太容易模仿，因此很快就会变成普通货色。"Philips 不依靠艺术直觉，而是采用"以用户为中心"的设计过程。为了塑造复杂的体验，这种以用户为中心的设计过程以全球各大研究院和大学进行的社会、文化和视觉趋势的研究为依据来进行设计<sup></sup>。

你可以认为 Starck 直言不讳的坦率方式和 Marzano 谦虚谨慎的方式有着良好且相同的关注点，即均关注人、情感，以及如何让世界变得更美好。这种关注能与视觉美感结合起来，创建出具有视觉美感的东西，或者能挽救生命和提升人类生活品质的产品。两位设计师都将设计视为人本的、情感驱动的、复杂的和与文化交织在一起的

⊖ Designboom. Interview with Philippe Starck. May 23, 2005. < http://www. designboom. com/eng/interview/starck. html >

⊖ Stefano Marzano. Presented at the German Marketing Association Conference, held in Hamburg on November 9, 2004.

创建过程。

## 设计在把握大局观中的角色

一旦设计出现在业务里，项目就会辗转数人之手，在其各个阶段分别由不同的团队主导。在规模大一些的公司里，设计师经常会抱怨所谓"隔墙"（over the wall）问题。这个问题指的是，市场部门进行调研，然后把调研结果"隔着高墙"扔给工程（engineering）部门；工程部门据此拿出书面的产品规范说明，然后又把项目扔给设计部门，留给设计师的任务就是制作模型或绘制像素<sup>⊖</sup>——各个专业化的团队之间几乎不存在沟通和凝聚力。

之前提到的设计师 Philippe Starck 将产品作为独立的物体来设计，因此虽然他的产品会在 Target 这样的大型零售店里出售，但是他的设计团队规模还是很小的。于是，Starck 通常会跨越设计部门、市场部门、工程部门和发行部门，从高层进行总体决策。然而，在 Philips Design 这样的大设计公司里，设计师的职责就受到了很大的限制，没有太多机会涉猎与设计无关的问题。在包含工程部门、市场部门和设计部门的开发团队里，每个部门都有其独特的角色，于是各专业领域交叉形成的关系能在一定程度上决定产

---

⊖ 原文为"push the pixel"，在设计领域泛指计算机图形图像设计。——译者注

品成功与否。

　　工程师一般会负责产品的功能。对于数码电子类产品而言，产品的功能往往植根于新兴科技本身，于是工程师就成了科技的倡导者。工程师未必总会就最前沿的科技进步做出提案，但至少会负责保证产品在技术上可靠且能正常工作。以此类推，市场经理会负责保证品牌能展现连贯、一致和令人信服的形象，其职责包括理解目标受众、辨识消费模式和预测购买趋势等。项目经理会负责产品开发的日程安排，保证产品按照需求、时间和预算上的要求顺利交付。产品开发过程中的每个角色都有各自的核心关注点。

　　同样，交互设计师也在某个专业领域方面担负起责任。工程师是功能的倡导者，市场人员是品牌的倡导者，交互设计师则是人性和人类行为的倡导者。在项目从商业目标发展到实质性阶段的整个过程中，这种对人性和人类行为的关注必须在多个细节层面上体现出来。

　　在项目初期，一个想法可能完全由商业需求来驱动，比如为了增加盈利、创建品牌资产（brand equity）<sup>⊖</sup>，或者迎击传统渠道领先者等。如果这个时候邀请交互设计师参

　　　　⊖　品牌资产（brand equity）是营销领域的概念，意指由品牌产生的产品的市场效益。详情可参考营销相关图书或 http://en. wikipedia. org/wiki/Brand_equity。——译者注

与项目的讨论，交互设计师可能会问"用户真的需要这样的产品吗"这样的问题。这种看问题的视角可能源自对文化的理解，也可能出自对社会的关爱，还可能只是一种对科技存有警惕心理的表现。这首先是个哲学问题，而如果把哲学层面恰当的回答作为商业建议来看待，则可能招致错误。不过，交互设计师几乎从来不会在项目初期受邀来讨论——这是非常遗憾的。如果要把交互设计过程运用到商业流程中，那么设计师就必须被牢牢地安置到公司的高层，或者与公司高层管理人士建立牢固的人际关系。要达到这种层次的影响力，设计师就要能精于通过财政数据将其关乎人本的建议合理化，并精通会议室里惯用的商界语言。

随着产品开发过程的推进，还可能会发现特定功能的实现难度很大或者实现成本很高。在这种情况下，交互设计师的职责是站在最终用户的立场，推动分析成本和收益的讨论。有多少上下文证据体现了某个功能的必要性呢？从人的角度而非财政的角度来衡量，成本更高的技术的价值何在呢？此刻，设计师是从价值主张的角度来考察问题的。

当项目接近尾声时，通常邀请交互设计师来考察产品方案的视觉美感问题。这种对细节的精化给予交互设计师最后的机会，使他们能在纯粹情感化和直觉的层面上为最终用户争取利益。这个时候，所谓的交互设计经常转化成了互动式设计（interactive design）或者图形用户界面（GUI）设计。

互动式设计侧重于交互式系统（interactive system）的开发，它以技术为重心，强调的是创作技巧。这种创作技巧通常着眼于呈现内容时的视觉美感，即对界面的视觉美化和包装。GUI 设计与之类似，体现的是本质上的技术限制，强调的是平台相关的范式（paradigm）。互动式设计和 GUI 设计当然都是用来满足用户需求的，然而两者都极端强调技术，并依据技术上的限制条件来指导界面的开发。虽然交互设计师很可能具备互动式设计或 GUI 设计所需的技能，但是这些技能并非交互设计师存在之根本。

交互的核心在于人与产品、系统或服务之间形成的一种对话。设计是作为实现更大目标的手段而存在的，旨在增进人类体验、解决复杂问题，并最终展现能引起目标受

众共鸣的设计方案。设计作品对人有直接的影响，理解了这一点，就能为整个创作过程注入独特的、人性化的一面，从而显著地将设计的重心从"技术工艺"（technical artwork）转移到以人为中心上。交互设计过程的精髓就在于：设计应该是以用户为中心的，而真正理解用户欲求、需求的唯一途径则是与用户进行实际的互动。理解用户的过程就是尝试了解他们所思、所说和所做的过程，设计师由此创造可用、有用和令人向往的设计作品。

HEY…
THAT'S A LOT OF CASH,
OVER THERE…

第二章

# 管理复杂性

在设计过程中，交互设计师会尝试在各个独立组件之间构造有意义的形象化表达，以期了解隐藏在它们之间的关系。创造这些形象化表达的最终目标就是理解它们。设计师不断地将想法通过各不相同且有趣的方式进行组织，以此更深入地理解诸想法之间抽象的和语义上的关联。然后，设计师就经由这些形象化表达与设计团队中的其他成员沟通，或者以其为基础进行生成式草图绘制（generative sketching）<sup>⊖</sup>或模型制作。将想法图表化是"综合"（synthesis）的一种形式，也是一种能有效产生知识的方式。

---

⊖　"generative sketching"指的是利用计算机协助进行草图绘制。——译者注

## 旨在产生有用信息的数据构造过程

许多交互设计师都发现自己身兼两种角色：交互设计师和信息架构师。信息架构这一领域主要是通过 Web 开发为人所知的，通常涉及对大型复杂网站的条目进行整理，以及理解各条目之间的关联性等。由于信息架构所需的技巧同样也体现了交互设计师处理设计问题的技巧（无论媒介或目标结果是什么），因此信息架构这门学科及其技巧也就塑造了交互设计的底层结构。

信息架构这个概念由作家 Richard Saul Wurman 于 1975 年提出。他在建筑领域的背景很好地支撑了他对寻路（way finding）和导航（navigation）的兴趣。我们可以把信息架构看作一门制图（map making）的学科，只不过其中的"图"不局限于地图。人类使用地图来寻路，需要在迷路的时候找到路。然而在有些情况下，地图还被用来探险，目的是发现未知事物。显然，现代的和具有未来感的产品与系统所带来的复杂性，恐怕会让相当多的人感到迷惑。通过理解元素之间和看起来无关的系统之间的关联并将其形象化，交互设计师就能够给出供人理解的、共通的线索。

在软件结构包含的明显的可用性问题中，最大也最被广为记录的就是导航问题。确切地说，在使用产品、服务和互联网的时候，人们并不真的了解自己在哪里、去过哪里，以及要到哪里。人们不知道这些也是情有可原的，因为"虚拟系统中的位置"确实是个"外来"的概念，无论隐喻（metaphor）是什么，大部分人也还是无法理解或没有时间去理解大型分布式网络计算的要义。网络结构是如此之广阔，以致许多人很难想象它究竟是什么样子。把没有直接物理表征的事物形象化，这是件很困难的事情。网络只是这种"不受限环境"的典型例子之一，关乎位置的迷惑同样也显现于小型手持设备的菜单系统中，这样的手持设备包括数码相机、手机和汽车内配置的嵌入式系统（讽刺的是，让人对位置感到如此迷惑的嵌入式系统，其目的竟然是辅助现实中的导航）。

Alan Cooper 围绕恒定物件（permanent object）和参照点（reference point）的概念讨论了导航问题：

> 导航最重要的辅助手段之一就是提供没有太多地方可以导向的简单界面。所谓"地方"，指的就是界面中的模式（mode）、表单（form）和主要的对话框（dialogue）。除了减少可导向的目的地之外，增强用户在程序中的导航能力的唯一办法就是提供更好的参照物。正如水手依据海岸线和天上的星星进行导航一样，用户以程序界面上常在的恒定物件为参照进行导航[一]。

---

㊀ Alan Cooper. *About Face*: *The Essentials of User Interface Design*. John Wiley & Sons, 1995. p. 508.

Peter Morville 和 Louis Rosenfeld 在他们合著的 *Information Architecture* 一书中提到了相同的观点，并认为这件事说起来容易做起来难：

> 互联网缺少物理世界中的许多上下文线索。互联网没有天然地标，也不分东南西北。超链接导航不同于物理世界里真实的旅行，它直接把用户从原地传送到巨大的陌生网站。远端的网页和搜索引擎结果页包含的链接让用户可以完全绕过网站的"大门"（即网站首页），直接深入其内<sup>⊖</sup>。

## 数据、信息、知识和智慧

在设计词汇中，有个经常被提到的"四步过程"的概念，它用来表述设计师逐渐对事物获得理解的过程。这种理解过程可以是理解复杂系统中"数码－空间"（digital-spatial）关系的过程，也可以是意识到如何达成目标的过程。这四个步骤依次为数据（data）、信息（information）、知识（knowledge）和智慧（wisdom），简写为 DIKW。在

---

⊖ Peter Morville, and Louis Rosenfeld. *Information Architecture for the World Wide Web: Designing Large-Scale Web Sites*, p. 50. Copyright © 2006, 2002, 1998. O'Reilly Media, Inc.

IT 和知识管理（Knowledge Management）领域，分析这个四步过程是常规的分内事，设计师 Nathan Shedroff 在一篇名为"An Overview of Understanding"（理解力概览）⊖的短文中也提到了它。交互设计师不妨将 DIKW 过程视为一种步进式学习（progressive learning）的框架。设计的目标大概也就是在人们使用产品的过程中，协助他们走过这四个步骤。

数据本身价值不大。尽管"数据"往往意味着数字，但是它其实广泛地代表着离散的内容单元。这样的内容可能是关乎事实的，也可能是关乎主观看法的。它也许有用，也许没用。由此来看，从数据中萃取"信息"似乎是个简单任务：只给用户呈现当下相关的内容，剔除其他无关的部分不就行了吗？然而，如果是一幅画作，又该怎么界定其数据的相关和无关呢？画布上的描画涂抹算不算"相关"数据呢？没有涂抹过的空白是否"相关"呢？画作上的笔触痕迹算不算相关数据呢？一旦设计师尝试把美感或情感纳入考量，那么"从数据中萃取信息"这个看起来简单的任务就立刻变得含混复杂。

可以将信息看作有意义的数据。有意义的数据通常

---

⊖　Nathan Shedroff. "An Overview to Understanding," *Information Anxiety* 2, p. 27:

是由设计创造出来的：在创意过程中，将各元素组合，以形成元素之间的语义关系，而在组合之前，这种关系是隐藏在看似无关的数据中的。钢铁之城匹兹堡（Pittsburgh）正在下雨，这就是数据。如果你明天要去匹兹堡，那么"那里已经下了一个星期的雨"就是非常有用的信息——你由此知道得带上雨衣备用。信息就是能表述意义的数据组织形式，同时，这种组织形式本身也有可能改变原意。这是个重要的暗示，因为看似客观的数据，其表达的意义可能会被数据本身的组织结构和表现形式所改变。

如果说信息是有意义的数据，那么知识便是将信息元素组合起来的结果，旨在经由信息进一步得出某个原则、理论或论点。信息也许还有些感官的味道，而知识则看起来更复杂，更像是由体验驱动的（experience driven）。例如，故事叙述（storytelling）自古以来就一直是传递知识的机制，可看作一种令人快速沉浸其中，使人身临其境的体验，虽然你不可能亲身体验时间旅行，但是通过了解一则内容丰富、引人入胜且颇具带入感的故事，你就能获得关于时间旅行的知识。在用户体验和交互设计的范畴考量时，把知识看作延伸的对话（dialogue）就是合情合理的。实际上，对行为的设计就是对"基于动作的知识（通过一系列动作来讲故事）"之设计。

　　智慧常常被看作一种启示，它是以新的、与众不同的方式来应用知识的结果。从诸如快乐和痛苦之类的情感中就能找到智慧。只要给机会，最年轻的设计师也能以新的方式应用知识和情感。

　　这种从数据经由信息、知识，最后到达智慧的演进大概就是信息架构的根本目标。显然，知识的获得是随着时间的推移而发生的，而这正是交互设计师之所长。行为是发生在第四个维度（即时间维度）上的，而交互设计的目标是试图随着时间的推移逐渐理解并进而塑造人的行为。

IT SURE DOES RAIN A LOT IN PITTSBURGH.

## 将第四维度（时间）纳入考量进行设计

　　图形设计师或工业设计师等传统的人工制品（artifact）设计师惯常从有限意义上看待产品与人之间的关系。用户可以通过一系列离散的动作（如将面包放入烤面包机，设定烘烤程度，压下面包，等待面包烤好弹出，取走烤好的面包）与烤面包机交互，设计师要负责设计出能支持（afford）或催生（encourage）上述所有动作的烤面包机产品。这种对"供持性"（affordance）[一]的看法意味着产品的易用性和所涉任务的明晰性。换句话说，烤面包机产品要能让用户明确地意识到，用户自己会在与其的交互过程中扮演使用者角色，并且一旦把握得当，就能吃一顿不错的早餐（烤好的面包）。

这种传统的看法对于简单且相对平凡的产品设计而言，的确是有用的。然而，对于设计会存续较长时间的复杂界面而言，这种看法就不合适了。不妨想一想用户与 Microsoft Outlook 之间的持续交互。安装好之后，Microsoft Outlook 是非常"中规中矩"的。以相同方式安装出来的 Outlook 永远都是一模一样的——工具栏都在同一个地方，功能都以相同的方式发挥作用，整个系统的表现都是可预见的。倘若系统表现是可预见的，那么系统与用户之间的对话同样也具有可预见性。在这种情况下，设计师能以相当高的准确性猜测用户在使用系统时会发生什么事情。在最好的情况下，这种猜测还能被具体化：设计师可以在设计过程中做一些"实境调研"（contextual re-

---

[一] 术语"affordance"尚未见合适的中文译法，考虑到原文术语已经为领域内所熟知，因此本书中将保留英文术语。设计专家 Don Norman 在将此术语引入设计领域多年以后，撰文对其进行了反思，对于理解这一概念颇有益处，详见 http://jnd. org/dn. mss/signifiers_not_affordances. html。——译者注

search），并观察人们使用 Microsoft Outlook 原型（proto-type）的情形。

然而，这种预测的准确性随着现实生活的蹉跎而迅速消逝。用户会设置邮件账户，接收并回复邮件，还会用 Outlook 来管理工作与生活，而不限于只是使用邮件功能。用户会犯错误，还会自己定制面板，改变配色方案。随着时间的推移，Microsoft Outlook 逐渐具有了与初始安装时大不相同的样子。实际使用引起的巨大改变是惊人的，即便只是在初始安装一个星期之后，要预测用户的使用行为都是非常困难的。尽管如此，交互设计师也还是会被要求来模拟塑造这种复杂的场景。理解第四维度（即时间维度）上的交互模式，就是理解时间在产品使用过程中所扮演的角色。用户界面设计（user interface de-sign）和交互设计（interaction design）是两个听起来类似且经常被混淆的活动，第四维度上的交互正是辨析两者差异的关键。两种活动经常由同一人完成，但两者的目标大不相同。

从事用户界面（User Interface，UI）设计或图形用户界面设计的设计师一般不会把时间作为产品使用的决定性特征。尽管界面设计师可能也会考虑"页面"（page，宽泛地用来指代所呈现的一片特定的界面区域）内甚至页面之间的使用流程（flow of use），但在这个设计阶段，设计师并不会将产品使用造成的长期结果纳入考量，而是会关注控件如何摆放、按钮上放什么文字以及各种像素级别的布局方案。有些时候，寥寥几位有"美感"的软件开发人员就能充当 UI 设计师的角色。此外，具备一定开发能力的 UI 设计师也可能担负起所谓用户界面开发人员（UI Developer）这种模糊了设计与实现界限的角色。此时，"专家盲点"就会趾高气扬地出现：从概念上来看，开发人员了解现有的各种技术上的限制，而且倾向于让设计屈从于这些技术限制。虽然这么做有利于缩短开发周期，但是这种以技术为中心的态度会牺牲掉可用性。用户界面开发人员通常不会考虑问题在概念（而非实现）层面上的理想解决方案，虽然理想解决方案会更加适用，但是可能意味着后端（back-end）开发方面要进行巨大变动。

交互设计师只有在对与用户的活动和目标相关的概念级行为进行建模之后，才会考虑 UI 设计在各种细节上的现实问题。这种概念级建模是一种设计综合（design synthesis）的过程，设计团队经由这个过程来梳理看起来可能数量巨大且经常互相矛盾的数据。综合过程几乎总是涉及映射、图表化和建模。这些图形化人工制品能帮助设计师生成新的知识，而这些知识正是将复杂设计问题条理化的根基。

创建复杂系统的图形化表达有几种成熟的方法。简单的图表能将大量数据抽象化，只突出最重要的元素。"简单"并不意味着"无关紧要"，因为图形化表达是将数据纳入上下文情境（即将数据转化为信息）的基石。

## 用 Affinity Diagram 组织数据

Affinity Diagram（亲和图）<sup>⊖</sup>是分类体系（taxonomy）的可视化表达形式。所谓分类体系，是指在特定设计问题的上下文中涉及的语汇经由分类而形成的体系。"亲和"（affinity）的意思是"相像程度"（likeness），意味着两个词语概念之间的相似性（similarity）。设计师寻求相似性的目的在于，辨识出问题空间中的核心要素，同时剔除所谓的"边缘用例"（edge case），即特殊情况。一般来说，Affinity Diagram 是综合过程初期采用的手段，旨在从大量数据中辨识出特定的模式和基调。

要创建 Affinity Diagram，首先需要在卡片上列出特定问题的上下文情境所涉及的所有元素。这些元素可以是字词、短语、引述的语句、图片、照片，或者任何与问题情

---

⊖ Affinity Diagram 的中文尚无统一译法，有译作"亲和图"的，也有译作"相关关系图"和"分类图"的，本书将保留英文原文，以方便交流。该法也被称为 KJ Method，发明人为川喜田二郎（Jiro Kawakita）。——译者注

境相关的数据。设计师经常会将从访谈或实境调查中获得的数据转录到记录卡片上，把直接来自目标受众的原始数据外化成 Affinity Diagram 的元素。

数据被外化为各元素之后，设计师就依照相似性来对卡片进行归类，把近似的元素卡片放到同一个地方。从根本上来说，所有这些元素表达的概念其实都是相互关联的，因此归类的过程也是解释和判别的过程。为什么一个元素与另一个元素有关联，以及两个元素之间的相似程度，这些都需要设计师自己来判定。

Affinity Diagram 通常由小组或团队共同构建。有些实践者建议，要以完全静默的方式来完成整个归类过程，以避免个人意见影响整个组织性活动。有些实践者则推崇归类过程的主观性，主张对每次归类都进行口头表述，以期将整个归类过程理性化。无论采用哪种方式，所得结果都是一组一组被归类的离散元素，分组体现了各种数据在主题上的相似性。

# 用 Concept Map 可视化系统

Frog Design的交互设计师Ashley Menger抿着一张便签（post-it note），寻思着如何完成Affinity Diagram_

Concept Map（概念图）⊖是就当前对系统的了解进行的可视化表达，旨在表达概念的心智模型（mental model），以期让开发团队能够"见树又见林"，看清大局。一般来说，Concept Map 会将名词与动词连接起来，通过实际的连接关系以及接近程度、尺寸、形状和规模等因素展示实体之间的关系，从而以可视化的方式帮助设计师理解系统内含的关系。设计师必须对实体间关系的强弱进行主观判断，因此，从这一点来看，创建 Concept Map 的过程也是生成性的（generative）。

创建 Concept Map 的第一步就是创建概念矩阵，在其中列出特定领域的所有元素（名词），并尝试辨识和标记出元素之间的关系。以分析棒球比赛为例，我们可能会辨识出诸如球、球棒、裁判、热狗⊖、接手等一两百个相关的名词概念。通过创建这些概念的矩阵，设计师迫使自己分析其中各概念之间关系的紧密程度。所有这些概念都出自棒球领域，都是有潜在关联性的。然而，球与球棒之间的关系当然比球与热狗之间的关系更紧密。通过分析每个概念相互之间的关系，设计师迫使自己深入细节，以深入

---

⊖ Concept Map 一般译作"概念图"，在此也将其作为专业术语而保留英文原文，以方便交流。——译者注

⊖ 在西方的文化中，热狗（hot dog）被视为与棒球比赛有关联的食品，详情可参见 http://en.wikipedia.org/wiki/Hot_dog。——译者注

理解这一学科（即领域）。由此，设计师就能逐渐理解存在于大量数据中的层级关系（即使有时很明显）。关系更紧密更多的元素形成了 Concept Map 的主要枝干，这些枝干将学科内各元素凝聚成了一个整体。

一旦建立了概念矩阵，并且辨识出了诸多核心概念，那么完成 Concept Map 就变得很简单了：只要用动词将各个名词概念连接起来即可。球与球棒是如何关联起来的呢？球是用球棒打击的。接手与球如何关联呢？接手试图接住抛过来的球。随着加入这样的关系，设计师乃至整个开发团队就能以可视化的方式追踪实体之间的关系，并了解特定层面上的系统变动会对整个系统产生何种影响。

## 用流程图展示决策过程

流程图（Process Flow Diagram）是另一种组织数据的可视化形式，能将数据表达为可理解的系统。在电子工程和计算机科学等领域，流程图用于展现系统中数据的逻辑流（logic flow），也被称为数据流图（data flow diagram）或决策树分析图（decision tree diagram）。在实现复杂系统之前，可以相对快速地创建和调整流程图，用以探究最佳的数据流方案。交互设计师通过流程图达到相似的目的：流程图能帮助交互设计师了解组成一项活动的各种规则及其之间的关系。将流程图作为分析工具，交互设计师就能以此与工程师进行交流，表述并展示设计决策背后的道理。流

程图既可被看作催生设计构思的手段，也可被看作解释性的
工具。

**Payaal Patel使用Concept Map描述棒球运动**

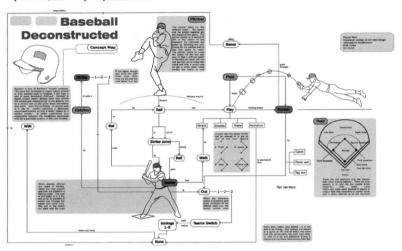

**Payaal Patel使用流程图描述棒球运动**

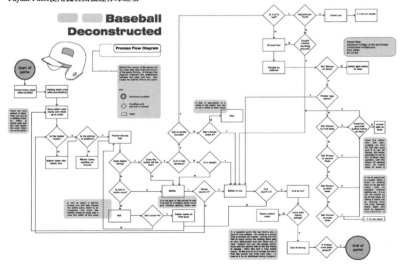

要创建流程图，交互设计师首先得通过各种形式的人种学方法辨识出系统内各个操作者（operator，即动作的实施者和受动者）及其在系统中扮演的角色。这些操作者包含Concept Map中的诸多名词概念。接着，交互设计师依据逻辑流，用动作在操作者之间建立关联。以"电话铃响起"这个现象为例，电话铃一响起，就有了明确且合理的可能响应路线。打电话者可能挂断，电话可能被人接听，或者电话会继续响铃，等等。电话响了好几声之后，也许还会出现新的可能：电话被连接到自动语音系统。

通过创建流程图，设计师对系统所产生的、可能的合理结果有了深入的理解。尽管流程图在整个项目过程中都会有用处，但创建流程图的过程更重要。参与创建流程图的人员能借此对复杂系统所涉及的范畴形成很强的心智图景（mental representation）。

## 用 Ecosystem Diagram 展示接触点

Ecosystem Diagram（生态系统图）是一个系统或品牌的可视化表达，通常用来描述产品或品牌与用户发生接触的场合（Engagement Point）<sup>⊖</sup>。鲜少有公司只发布一个孤

---

⊖　原文"Engagement Point"，也作 Point of Engagement，表示接合点，指的是公司或产品与用户产生联系的各种方式或场合，也称为接触点（touchpoint），详见后文所述。——译者注

立的产品，对于全球化品牌而言则更少见。设想一家公司发布了实体产品，将其放在店面展台进行销售，产品已配备安装到计算机的相关软件，而软件需要通过网络访问各种服务等。这种产品会引导用户去访问特定网站以获得售后支持，公司在大城市还可能会举办针对客户的培训讲座。公司的这款产品要能与公司其他产品很好地搭配使用，还可能要与合作伙伴的产品保持兼容。所有这些情形都需要设计。如果设计妥当，使得它们相互之间配合良好，那么由此为用户带来的收益（可预见性和兼容性等）和为公司带来的收益（客户忠诚度、利润和集中化的支持等）都会是巨大的。

Ecosystem Diagram 以可视化的方式描述这些"接触点"（touchpoint），展现它们在概念层面上的相互关系。在创建 Ecosystem Diagram 时，通常不会考虑用户操作的时序，而是着重对用户与特定系统可能发生的所有交互方式进行可视化表述。此外，Ecosystem Diagram 不仅可以用来描述现实的状况（通常包含失败的接触点或者不兼容的系统和产品），还可以在设计的综合过程中用来描绘前瞻性的理想状况。

创建 Ecosystem Diagram 的方法有很多。一种方法是以给定的产品为出发点，向四周发散扩展，考虑与其有关联的相关产品、服务或支持架构。另一种方法是先列出可能的接触点，然后尝试针对各种特定场合梳理更好的接触点。接触点列表通常包含可能的接触位置，比如销售点、住宅、办公室或者行经途中等。还有一种方法是利用既有的 Concept Map，考虑其外围可能包含的元素。无论采用何种方法，目的都是用连接线和表述性文字以可视化方式描述各种接触点及其之间的关系，以及它们与最终用户的关系。

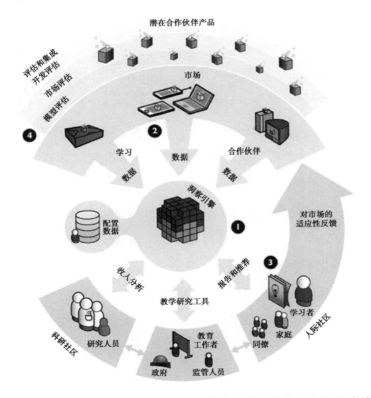

Frog Design 的一张 Ecosystem Diagram 描述了系统接触点之间的关系

## 用 Journey Map 体现交互序列

Journey Map（旅程图）描述的是用户随着时间推移，辗转于 Ecosystem Diagram 中各接触点时发生的动作序列，旨在假想用户如何获取、安装、学习、使用、升级和摒弃产品，迫使设计师对上述每一阶段的设计进行斟酌。Journey Map 常常被用来描述线性的最佳接触场景（best-case scenario），但在促进对失败、误解或退货等边缘情况的讨论方面，也颇为奏效。

与 Ecosystem Diagram 类似，Journey Map 试图将用户在产品级别的上下文中与产品发生的交互（接触点）进行可视化表达，通常用来描述用户如何获得产品、如何安装产品并学习使用产品，以及如何与朋友分享产品。与 Ecosystem Diagram 不同的是，Journey Map 意在辨识出用户的动作序列，由此探知用户如何学习产品、用户后续如何运用其掌握的产品知识，以及产品如何通过有意或无意的使用场景随着时间的推移而不断演化。

要创建 Journey Map，可以通过强制（对用户与产品交互）的叙述过程来完成。由此，不但能获得产品使用相关的常见用例，还能顾及使用之前和之后的情形。设计团队首先要列出接触点，覆盖从用户初识产品（用户如何知道一款产品的）到用户与产品的最后接触（产品坏掉时，用户是如何放弃它的）的整个过程。然后，设计团队就来讨论和假想每一个步骤里可能发生的情况，并将其记录下来。讨论结果通常会被归类为诸如假设（assumption）、动作（action）或既得知识（knowledge acquired）等组别。在逐个探讨了所有的接触点之后，设计团队就可以开始创建用户与产品交互的全程时间线，用以描绘产品如何随着用户对其认识和使用的深入而不断发展演进。

　　Ecosystem Diagram 和 Journey Map 蕴含着同一种理念，即任何设计都不会被用户孤立看待，而且所有产品都会与其他兼容产品和竞争产品处于相互交织的关系。Don Norman 在其文章中写道："没有哪个产品是一座孤岛。产品不只是产品本身，还是一系列相互协调一致、有机结合的服务体验。从最初的意向到最后的评价，从初次使用到疑难解答、维修和售后服务——我们需要全面考虑产品或服务的所有环节，让它们无缝地有机结合起来。这就是系统化思考。"<sup>⊖</sup>把 Ecosystem Diagram 和 Journey Map 搭配起来，就可以强制实现这种系统化思考（system thinking）。

---

⊖　Don Norman. "Systems Thinking: A Product Is More Than the Product." *Interactions Magazine*, Issue XVI. 5, September/October 2009. 原文见 http://www.jnd.org/dn.mss/systems_thinking_a_.html，中文译文见 http://blog.csdn.net/kingofark/article/details/6049536。

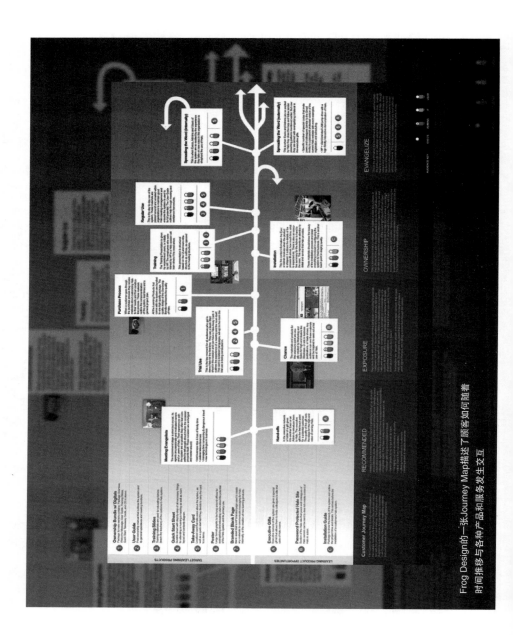

Frog Design的一张Journey Map描述了顾客如何随着
时间推移与各种产品和服务发生交互

交互设计师尝试在独立的组件之间建立有意义的可视化表达，以期了解它们背后隐藏的关系。创建这些可视化表达的终极目标是获得深入的理解。设计师用新奇的方式对诸想法进行重构，以便深入理解诸想法之间抽象的、有意义的关联关系，这种理解会被应用到系统、服务或人工制品的开发过程中。

## 组织内的说服行为

对于设计咨询公司来说，要想在端到端（end-to-end，即全程包干）的产品开发过程中让雇佣公司将其看作顶层的合作伙伴，就要面对巨大的挑战。光有创意已经不够了，产品设计咨询公司还要能在规模较大的组织内高效地传达其创意，而这就需要独特的沟通手段和处事技巧。创意要与商业价值和技术可行性产生明显、可见的关联。在表述方面，设计要能很容易地传达给个人，包括那些对讨论行为、美感或适宜性等主观话题并不在行的人。尽管产品设计师长久以来一直将自己视为故事叙述者，但是现今的故事叙述所关注的还必须超越产品实体本身，扩展到包含界面、品牌，甚至组织内部的社交过程（借以就给定的解决方案达成整体上的意见共识）。设计师再也不能局限于亲临现场，向心存疑虑的客户或听众推广设计方案——取而代之的是，各种"用户体验"经理要自行在客户公司的内部对设计方案进行游说和传道，这就需要他们具备足够的沟通"火力"来使自己成为客户的"设计代言人"。

## 组织外的游说

设计不仅可以被看作在组织内部实现沟通的形式，还具有更宽泛的意义，可被看作与社会和人性实现沟通的一种形式。当然，这并不意味着将形状（shape）组合为形式（form）就跟把字母组合成单词一样简单。设计师套用既有的语汇来表述自己的设计，于是设计本身就成了设计师的"代言人"。对设计语言（design language）的这种看法意味着，设计师成了众人的游说者，并且就设计进行的沟通是措辞上的话术。Richard Buchanan 在 "Declaration by Design：Rhetoric，Argument，and Demonstration in Design Practice" 一文[一]中详细探讨了这种观点。Buchanan 解释道，任何形式的设计都包含着某种程度上的观点（argument），它取决于设计师个人的世界观、设计哲学，或是设计工作涉及的人际环境（不妨将其看作公司政策或品牌要求）。随着技术在产品创新中的影响力越来越大，成功的设计沟通话术（即有说服力的语言）变得极为重要。

产品不光会说话，实际上还会试图进行说服——设计

---

[一]　Richard Buchanan，"Declaration by Design：Rhetoric，Argument，and Demonstration in Design Practice，" in *Design Discourse：History，Theory，Criticism.* Ed. Victor Margolin. The University of Chicago Press，1989. p. 111.

师试图通过产品表达某种观点，并且在用户每次接触设计师创造的产品时，这种观点都会显现出来。Buchanan 认为，设计师会情不自禁地试图通过自己的设计（就某种观点，对用户）进行说服，同时技术经常会被用作障眼法一般的载体，为说服工作所需进行的对话搭出架子。其实，我们无须依赖炫目的技术就能成功地把形式、材料和功能结合起来，表达出连贯、有条理的观点。围绕观点进行的说服工作可被看作为用户建立某种观念的尝试。设计旨在沟通，而这种沟通并不是简单的独白，而是一种关乎说服、论证和学习的对话。

富于话术技巧的说服论证体现的是设计师的目的性："的确，设计是两个层面上的沟通艺术：设计师试图通过设计来说服受众，一是让其相信给定的设计是有用的，二是让其认可设计师的主张或观点的重要性，同时认可设计师对'现实生活或技术角色'的价值观。"⊖假定设计师要设计下一代手机，那么他必须设计手机的物理外形，在用料和制造方式方面做出取舍，还要设计手机界面。设计师要通过设计来沟通传达的内容包含多个层面。在表象层面，可以探讨设计师是否采用磨砂铝表面和细长线条造型——暗示着未来主义风格和对传统建筑技巧的援引。而

---

⊖ 出处同上一脚注。

在更深入的层面，可以分析手机的可用性：设计师是否针对"用户与手机之间的交互"设计了良好的对话，使得用户能与手机进行切实高效的"沟通"？最后，我们还可以考察设计师选择通过手机设计所要传达的观念：设计师也许或明或暗地就"跨越地理限制的高速通信技术为社会带来的益处"表达了自己的观点。情况也可能是简单直接的：设计师也许只是通过设计表明自己就是偏爱创造很酷的东西。

　　关于设计沟通的话术和观点，我们再来考察一个音乐播放设备，比如便携式磁带播放机——它应该长什么样呢？

　　大部分人的脑海里会浮现出类似的、典型化的图景，即一台有盖板的长方形设备，也很容易想到盖板内那两个用来转动磁带的转轮。这幅图景是对"磁带播放机如何工作"的概念化描绘。播放机功能（通过外观表现出来的）在认知上的易辨识性让其使用方法变得可以预见。除了外观上的想象之外，大部分人也都能对"磁带播放机如何工作"形成特定的心智模型，无论其技术性强还是弱。从技术角度来看，这样形成的心智模型也许是不准确的，但是仍然能让人快速分析操作播放机的方法。设计师（无论是Sony的设计师还是Aiwa的设计师）在就此设计进行沟通时，措辞话术技巧与上述对播放机的分析类似。

　　我们也可以用同样的方式来分析便携式 CD 播放机的设计。大部分人对 CD 播放机的特征了解得相当清楚，因为其特征完全是由 CD 的功能性特征决定的。CD 播放机是扁平的，与 CD 本体的大小相当。这种形式追随功能（form follows function）的设计主张限制了品牌为其产品塑造独特美感（塑料外壳的颜色或者控制按钮的布局等）的余地，然而这种通用、典型化的形式很容易让用户产生共鸣。CD 播放机就是 CD 播放机，就该是那个样子。

　　再来考察 MP3 播放器的情况，它长什么样呢？更困难的问题是：它应该长什么样呢？数字科技巨大的适应性给形式、材料、尺寸、颜色和重量等因素提供了巨大的发挥余地。设计师不再受限于功能的物理特性，而必须依据其他外在的特征对设计做出决策。MP3 播放器长成什么样子都行：可以是带有圆盘触控表面的白色圆角小长方块（经典的 iPod 机型），也完全可以设计得像根胡萝卜。在功能几乎不可见的情况下，要让用户认可一款 MP3 播放器的设计，对用户进行的说服工作就变

得异常重要起来。很多时候，这种对话术的掌控权都留给了广告商，而广告商却可能照旧采用强硬的说服手段，用喧闹的电视广告和大幅广告牌进行信息轰炸。然而，无论是通过形式本身还是通过广告来体现，产品所传达的观念并不需要"大声喧哗"出来。Apple iPod 微妙而有品位的跳舞剪影系列广告时刻提醒着我们，Apple 发现了 MP3 播放器应该长什么样子。如果没有这个系列广告，iPod 还会成功吗？Apple 的这个 iPod 系列广告与其对 iPod 机体在细节上的讲究，共同传达了一条无所不在的信息：MP3 播放器就应该长成 iPod 这样。

## 设计制品蕴含着文化

经过在 Scient、Doblin Group 和 Fitch 等多家设计公司多年的产品及系统设计实践，设计师 Shelley Evenson 和 John Rheinfrank <sup>⊖</sup>建立了视觉化和功能化的产品语言。与 Buchanan 类似，Evenson 和 Rheinfrank 将语言看作人工制

---

⊖ 已逝的 John Rheinfrank 也可视为本书中所指"交互设计"概念的提出者。他曾任 Doblin Group 主管，Fitch 执行副总裁，卡内基 – 梅隆大学、伊利诺伊理工学院（Illinois Institute of Technology）和凯洛格管理学院（Kellogg School of Management）的教授。他还启动了 ACM 旗下 *Interactions* 期刊的出版工作，该刊至今仍然是唯一专注探讨交互设计主题（而不流于讨论界面设计、GUI 设计或 Web 设计等具体技术技巧）的刊物。

品与人之间强有力的纽带，探讨了设计语言作为联结两者的纽带，如何影响人在其所处环境中使用产品、服务和系统的体验。人并不是简单地使用产品形式语言（product form language），而是与其相生相伴。产品形式语言是人塑造和解释周遭环境的基础。这个观点对于量产物品的设计有着重要的启示：除了特定功能或实用性之外，产品还有更多的用处。从产品形式语言的角度来看，产品成了社会的纽带，让人借以自我表达，与他人交流，并以独特的方式塑造其周遭环境。

Evenson 和 Rheinfrank 指的是人工制品的物理外形、材料和视觉风格。相比之下，数字产品通常更复杂，因为其物理外观和视觉表达可能不足以揭示其使用方法。我们很难让用户理智地对数码摄像机进行考察和分析，因为摄像机的形式语言通常具有随意性——其外观设计可能借鉴了老式的磁带摄像机，也可能包含了设计师灵光一现的结果。形式不再需要追随功能，甚至都不需要与功能有任何关联，因此设计师就有了新的机会，能以更多的方式将情感特质和社会特质注入形式中。

## 社会化的科学与艺术

从许多方面来讲，设计在企业中扮演的角色已经发生了天翻地覆的变化，从制造人工制品的技艺变成了用来驱动企业议程的孵化器。设计师会发现自己身处项目经理与需要达成共识的驱动者（consensus driver）之间开展工作，这可并不是什么施展创意拳脚的大好机会。对于已经被放到这个位置上的设计师来说，下列原则也许有助于重新燃起设计师那快要消耗殆尽的创意之火。

选择要予以社会化的对象与选择该对象与谁发生社会化关联同样重要，这就是说，要对所从事的工作有主见。在大公司里，任何从事设计或 UX（用户体验）设计的人士不但会很快成为就设计进行沟通的领头人，而且还要负责确保设计达到一定的水准。这是个对设计进行批评和批判的角色，即使设计工作是由外部的厂商、公司或合作伙伴来完成的，这个角色也都需要对其工作本身进行建设性的批判，而不仅仅考察其对模糊的商业需求的把握或在技术限制方面的处理。用户体验经理通常扮演不幸的角色，夹在设计制作团队和内部参与者之间忍受煎熬。不妨抛开这种定位，想一想设计师或 UX 设计角色如何为人工制品增加创造性价值，例如可以直接贡献力量，也可以实现一种既有美感又合乎要求的创造性的愿景。

设计师不仅要负责驱动设计的过程和方法，还要提供处理材料方面的专业能力。对于大部分数字产品而

> 言，所谓的材料就是比特（bit）和字节（byte）。要考虑自己是否具备相关的基本知识，以便就此提供专业视角。如果不具备，何来自信呢？对数字工具和设备的深入理解能让设计师从"表达认同"的角色升级到"说服"的角色：可以就特定的想法进行争论，针对"如何最好地完成工作"或者"如何处理材料以达成特定的目标"提供建议。

　　这种观念植根于符号学的研究。确切地说，符号学是对符号的研究。符号不仅可以是印出来的图样，还可以是对表意（signification，也有"象征"之意）过程的理论理解。人类通过赋予事物意义来进行沟通，我们可以认为符号自身就承载着某种形式的意义。符号（无论是具体的还是抽象的）通过各种"编码"来传达意义及其内含的价值。符号可以是视觉元素，比如街道上的标记，也可以指代人使用身体语言或语气语调来进行沟通的方式<sup>⊖</sup>。

---

　　⊖　"语言符号并非事物与名称之间的关联，而是概念与声音模式之间的关联。声音模式并不是实际的声音，因为声音是实体性的事物。声音模式是听者对声音形成的心理印象，由其感官证据得到。声音模式可看作感官印象的表现，其仅在这个意义上才可被认为是'物质化'元素。声音模式可与语言符号所关联的其他元素区分开，这里所谓的其他元素通常是更抽象的东西（即概念）。"［Ferdinand de Saussure, *Course in General Linguistics*（英文版由 Roy Harris 翻译）。London：Duckworth.］

Ferdinand de Saussure 通常被认为是符号学运动的奠基人。他将语言看作独立的科学概念，将其与文化或理解过程等因素分离开。Saussure 认为，词语内嵌了语义，因此能指代更多事物——"椅子"一词（无论在何种语言里）与"坐"的概念和我们坐于其上的物体之概念都密切相连。如此一来，借以组建系统的规则就比对规则的运用更加重要。也就是说，无论是否使用、考察或谈论椅子，"椅子"概念都是存在的。我们能在不涉及特定用法或实例的情况下，对符号的本质进行考察和理论化<sup>㊀</sup>。

如果用 Saussure 的符号学观念来考察"设计出来的人工制品"（比如椅子或者复杂的计算机界面等），将其看作"符号"，而不仅仅将其看作简单的实体或静态的功能元素，那么我们就能逐渐理解这样的看法：表意的过程与交互设计紧密相关，也与人们在行为层面上对体验的理解密切相关。这可能涉及物体的名称（名称经常是随意的——"DVD 播

---

㊀　即便这样复杂还不算完，后续还有许多语言学领域的知名学者站出来批评这种"语言的结构可以与其用法分离开"的观点。Valentin Voloshinov 指出，被置于不同语境中的语言可以表达不同的含义［Valentin Voloshinov, *Marxism and the Philosophy of Language*（英文版由 Ladislav Matejka 和 I. R. Titunik 翻译）。Seminar Press，1973］。Voloshinov 认为："符号是有组织的社会交流的一部分，无法存在于社会交流之外。"Voloshinov 的理论指出，符号的意义不在于它与其他符号的关系，而在于使用它的方式，即实际使用的上下文。

放器"这个字眼并不真的意味着什么，只是个名称而已），也可能涉及操作该物体所需的身体动作（比如按钮具备了下沉、可按下的特征，而老式电话拨号盘有着圆形、可旋转的样式），还可能涉及对待该物体的方式（产品也许在表达"我是个正儿八经的消费类电子产品。不要要我。"）。从概念上讲，符号应该是通用且容易理解的，人们不需要接受培训就能理解符号传达的信息（事实上，符号学经常意味着，用户会不由自主地受到表意过程的影响——这是自然而然的）。

## 说服的道德标准

讲到现在，情况就比较清晰了：将话术之功包含进设计，设计师就被赋予了力量，设计师的权威也就树立起来了，设计师就有了掌控权。从特定角度来看，这种情况类似于"对不知情的文化群体进行宣讲教化"。有章法、目的明确、精准的设计策略既可以用来为善，也可能被用来作恶。设计师的工作对象是人工制品，而人工制品是要大批量进入社会的，因此设计师通过人工制品所传达的观念也会在颇为广阔的覆盖面上放大和扩展。可以说这些观念成了所有人工制品的文化特质的一部分，因此设计师的话术也就同时被扩展和传播开：其观念对消费者群体产生了直接、微妙且几乎不可见的影响，但从总体上汇成了持续影响社会的强大无比的文化变迁的力量。作为设计师，我们恐怕不是带着操纵社会文化的意图而每天起床工作的，但这正是设计工作所承载的影响力。设计师的工作有潜力产生巨大的社会影响——认识到这一点也许更好。

*Citizen Designer* 一书探讨了这个话题，其作者 Steven Heller 在该书的引言部分写道："设计师需要在专业、文化和社会三个层面上对民众负责。"⊖要充分认识这种巨大的责任，就要理解两个根本点。其一，设计师必须认识到，自己从事的工作会对世界产生长久和实质性的影响。从显而易见的物理外形（想想垃圾山上堆积的造型各异的人工制品），到其对态度的微妙影响，设计工作（无论好坏）总会产生某种影响，因此每个设计决策都很重要。

其二，设计师必须意识到并控制其设计作品采用的话术。无论想通过设计传达的是个人想法、品牌故事、政治观点，还是简单的美感，设计师都必须对其保持审慎的态度，尽管这种观念传达经常是匿名的。设计师不能把观念传达的匿名性作为借口，不能因为设计师的名字很少与其设计的产品产生公开的关联，就来规避本应对所表达观念负起的责任。

---

⊖ Steven Heller. *Introduction*. In *Citizen Designer*. p. x.

FLYING

TALKING

you're pretty
**old,**
so i want
to be sure
**you**
**hear**
this...

设计师具有独特的地位，有能力改善人类生活的方方面面——视觉上的、情感上的和体验上的都包括在其中。无论使用何种介质提供解决方案，交互设计都应该是令人满意的——美观、优雅、恰当。视觉表达形式可看作沟通设计方案的基本方法之一。与其相关联的工业设计领域拥有相对较长的发展历史，其发展成果可直接应用到交互设计方案的创建过程中。

虽然工业设计发源于大规模生产和工业革命，但是现代商业设计美学的真正本源可以追溯到20世纪50年代汽车设计师的风格化设计实践。由 Raymond Loewy<sup>⊜</sup>通过火车和汽车设计掀起的光滑流

---

⊖ "真实性"（authenticity）是设计和商业领域经常提到的字眼，指的是一种让人认为可信、可靠、实在，让人愿意使用、愿意倾注情感的特质。本书后面对此进行了探讨。——译者注

⊜ Raymond Loewy 是20世纪著名的工业设计师之一，被誉为"工业设计之父"。更多详情参见 http://en.wikipedia.org/wiki/Raymond_Loewy。——译者注

解剖发声贺卡

线型风格，至今仍广泛见于半透明塑料订书机（看起来很
"快"）、计算机鼠标和饮料瓶的设计中。然而，交互设计
师还需要在形式因素与实践因素之间取得平衡：交互发生
在时间这个第四维度上，如果只考虑美学因素，就无法把
握用户随着时间的推移而演化出来的产品使用体验。交互
设计师经常发现自己身陷两者的失衡状态。形式的模糊性
可能会对用户理解产品产生负面影响，但也可能对体验产
生正面影响，因此，对于形式的发展而言，其话术表达事
宜在科技成分很高的方案中就变得越来越重要。

　　基础数字技术的进步已趋于平稳化，其应用也走向商
品化，带来了更便宜、更快捷、更有效的功用。这种进步
对半导体产业的影响，只要看看 2.99 美元一张的 Hallmark
有声贺卡便可略知一二。Gordon Moore 在 1965 年发表了里
程碑式的文章 "Cramming More Components Onto Integrated
Circuits"（往集成电路里塞更多组件），其中提出的机遇与
挑战被这款简单的产品体现得淋漓尽致⊖。更高效、更便
宜的数字技术给我们带来了更统一、更连贯的数字体验，
使用上的随意性也减少了——数字产品不会再贸然地要求
我们"下载这个驱动，改换那个接口"。技术品质和可用
性工程的结合催生了工作良好的技术产品，这直接导致了

---

　　⊖　Moore, 1965. Cramming More Components Onto Integrated Circuits.

人工制品向体验的转变。

## 从人工制品到体验的转变

产品设计或工业设计在生产美观人工制品方面的辉煌历史，与大规模生产和商业发展的根源交织在一起。在诸如 Westinghouse 和 Braun 这样的公司通过生产诸多产品而成功的同时，像 Raymond Loewy 和 Dieter Rams 这样的设计师也借此为这些出现在家庭和工作场所中的产品注入了人类的目的性。设计作为一门学科，因为历史原因具备了这样的本质，于是人们期望产品设计师能想出产品并助其实现大规模生产。设计师会创建原型，以便考察所设计物品的实际造型。比如用黏土制作的 1∶5 比例的汽车模型，设计师会只做出一半，并将其对接到镜子上，以便考察完整汽车造型的样子。

随着产品开发周期的推进，广告商就要开始调研如何在卖场摆放产品了。所谓的"摇钱照"（money shot，产品被摆放在白色背景前，从各个方向打出来的柔光渲染着产品的美感）变成了惯用手法，用来将简单的量产物品宣传成让人垂涎、供人追求的"艺术品"。在创意过程和销售周期中，以前的关注点是静态物品。20世纪最著名的那些设计多是被作为实体"物品"（thing）来被买卖、使用和考察的。

而现在，关注点已经发生了变化。产品设计师开始明确地强调与人工制品短期和长期的交互过程。产品的整个概念已经发生了变化。产品经理或产品负责人发现自己也掌管着软件产品的开发，这些产品只存在于屏幕上、网络中，或者两者之间。设计这些产品时的重点在于用户使用产品的"故事"——支撑用户行为的设计、对可用性的考虑、基于时间使用流程（flow），以及整体使用体验。这种关注点的改变主要体现在产品的设计、开发、销售和推广中。例如，商家会从使用体验的角度来引诱消费者购买新的数码设备，更加强调其界面而非具体的物理外形。尽管电视机主要还是以价格和屏幕大小作为购买的衡量因素，但是越来越多的电视机厂商开始强调诸如菜单系统、功能特性等用户每次使用都会面对的事情。尽管产品设计师仍需斟酌产品的形式和用料，但是他们现在会把创意过程的大部分时间花在流程图、用例、可用性及其他关乎交互的问题上。

这种改变不仅见于消费类电子设备领域，还广泛见于其他领域。市场对创新体验的重视催生了新的缩写术语 UX 和 UE（用户体验），出现了诸多专门考察产品与用户之间关系（即产品体验、用户体验等）的团队。设备生产商、体育用品厂家、电话服务提供商、保险公司，以及航空公司等纷纷开始分析并描述用户使用其产品、服务和系统的用户体验。这是整个商业体系中的一次重大转变，之前专门从事销售、推广、生产、售后等的从业人员现在面临着"创造愉悦体验"的挑战——这是个困难且令人迷惑的任务。

## 体验所包含的挑战

结构良好的整体体验取得了成功，体现出巨大价值，由此似乎可以得出一个结论，即应该把关注点放到体验的设计上，而非像过去一样只关注人工制品（无论是数字产品还是实体产品）本身的设计。但是，在关注点从人工制品到体验的转变过程中，设计师面临着新的挑战。这些新的挑战深深植根于心理学和哲学，比设计实体物品需要更多、更深入的思量和考虑。

埃因霍温理工大学（TU/Eindhoven）工业设计副教授 Kees Overbeeke博士这样描述物品与体验的调和：

> 我们认为针对可用性的设计和针对交互美感的设计是纠缠在一起的，两者相互关联。交互设计领域的思辨方式大多是从可用性出发联系到美学的思路，认为糟糕的可用性可能对交互的"美感"产生负面影响。这种思路导致了这样的设计过程，即先处理可用性问题，然后再考察美感问题。然而，我们对反向的思路（即从美感出发，以此改进可用性）也感兴趣。我们认为从外观美感和交互美感体现出来的诱惑力是导致（使用者对物品采取）行动的一部分诱因⊖。

美感与体验紧密相关，设计师不仅要衡量产品对用户在情感或体验上的共鸣，还要思索产品体验的构成。对于用户体验的结构，最简洁也最广为引述的描述来自Jodi Forlizzi和Shannon Ford，前者来自卡内基－梅隆大学设计学院和人机交互学院，后者是前Scient Corporation成员。Forlizzi和Ford引用了John Dewey的说法，对体验（experi-

---

⊖　Kees Overbeeke, et al. "Tangible Products: Redressing the Balance Between Appearance and Action," in *Pers Ubiquit Comput*, Springer-Verlag London Limited, 2004. With kind permission of Springer Science and Business Media.

ence)、一次体验（an experience）和作为故事的体验（experience as story）三种提法进行了辨析。

其一，体验本身（也许是持续性地）浮现于意识中，好比"体验世界"或者"在特定时刻考察世界上正在发生的事情"。

其二，一次体验有开头部分、中间部分和结果部分，可看作时间上不连续的片段予以讨论和分析。

其三，作为故事的体验是传达、归纳和反思一次体验的载体。

通过这种辨析，两位作者表明：所谓体验，是发生在人自身内心的事情，由外部事件引发；所谓一次体验，少了一些来自人自身的掌控，因为人本身参与到了体验过程中（人只是参与者而非主导者）；而作为故事的体验又把控制权交给人，因为当体验完毕后，是由人来把握如何分享其体验的。

无论哪种提法，Forlizzi 和 Ford 都认可这样的看法：创造精妙的体验不太可能只依赖于体验本身，而是需要设计师把关注点放到创建"体验发生的场景"的结构上，这样才能创造出丰富多彩的体验。

我们认识到，好的产品提供了令人难忘的、优秀的故事叙述，用户被其吸引，通过分享产品或对别人讲述等方式将这种故事广为传播。要创造好的产品，理解用户至关重要。让用户参与设计过程的确会使产品设计变得更加复杂，然而，设计师不能再只关注产品本身了：成功的设计应包含用户与产品的交互中的所有要素，包括用户、产品和使用的上下文情境⊖。

作者、心理学家、哲学家 John Dewey 解释道："体验不仅发生在人自身内心……每个真切的体验都具有主动性的一面，它能从某种程度上改变体验得以发生的客观形势或状态。"⊖这意味着，交互设计师侧重于创造人工制品或系统，而使用体验怎么样则依赖于使用者的参与。

Dewey、Forlizzi 和 Ford 三位的论述不仅是激进的、理论化的，他们关于个体的哲学观念还具有现实的、务实的意义。假设两个人同时走进一家星巴克咖啡店：他们遇到的事物（即他们各自的体验）是早就被星巴克制定好的——从店员会对他们说什么话到调制咖啡的温度都是预先规划好的。然而，无论设计师如何精心设计灯光效果、如何选取背景音乐、如何定夺焦糖玛奇朵咖啡中的糖浆配

---

⊖ Jodi Forlizzi, and Shannon Ford. "The Building Blocks of Experience: An Early Framework for Interaction Designers." DIS'00, Brooklyn, New York. Association for Computing Machinery, Inc. Reprinted by permission.

⊖ John Dewey. *Experience and Education.* Free Press, Reprint Edition. 1997, p. 39.

料<sup>⊖</sup>，每个走进店内的人都是独特的，会做各不相同的事情，做出不同的反应，以各自独特的方式来观察世界。这种独特性对于店内特定的体验流程来说通常并不重要，但它有时候也会对设计出来的体验框架（experiential framework）产生重大影响。进店的客人是黑发还是金发并不重要，而诸如客人是否对特定食物过敏、是否够得着柜台、是否害羞、是否说英语，或者是否来过星巴克等问题就非常重要了。认为所有人都是一样的，并以此来设计一成不变、固定严格的体验，那肯定是不可行的。另一种常见的做法，即试图考虑到所有可能的情况并就其进行体验设计，同样也是不可行的。

麦当劳（McDonalds）等一些公司为其雇员准备了他们必须遵从的工作准则，若雇员未按照工作准则行事就会被批评或解雇；有些公司的工作准则甚至还有脚注，专门针对不太常见的情况进行指导，以及"指导雇员如何表述他们会'仅此一次'地打破公司规矩"的话术指导<sup>⊖</sup>。这种做法在商品化的产业或服务中可能是有效的，因为在这些情况中达到"八九不离十"的效果就算是足够成功了

---

⊖ 每 16 盎司焦糖玛奇朵包含 190 卡路里热量和 32 克糖。16 盎司经典可口可乐包含 194 卡路里热量和 52 克糖。（1 盎司 = 29.27 毫升。——编辑注）

⊖ George Ritzer. *The McDonaldization of Society*. p. 92.

（我拿到的汉堡与我想要的差不多就行了，毕竟我只花了99美分，即使我搞不明白点餐流程，或者汉堡里放了我不喜欢的洋葱，世界也不会毁灭——差不多就行了）。然而对于大部分企业和组织而言，"差不多成功"根本不能看作成功。这是典型的生态系统策略问题：公司希望其产品提供高度一致的体验，但同时又要求在服务和品质上达到卓越水平。在这种情况下，设计师认识到，全权控制并非总是妥当的、可能的和必要的，于是会关注体验框架的设计，让用户在这种框架中获得相当大的灵活性和变通余地。公司必须放弃对设计的完全控制，这听起来可能很吓人，对于习惯了将设计看作"富有表现力的、个人化的、范围非常有限的活动"的设计师来说尤为如此（这种既有的看法对于许多接受过正式工业设计或图像设计实践历练的设计师来说，并无不妥）。设计师需要考虑如何设计体验框架，使其能伸能屈以适应每个人、每种情境特定的需求。

随着企业主和设计师开始关注用户体验，他们认识到，可以在其产品和服务中注入深厚的情感共鸣。这种生产有意义产品的欲望并非新生事物。在工业设计史的大部分历程中，设计师一直试图通过产品的形式、色彩和材料来激发用户的情感反应。

大规模生产的人工制品通常都透出肤浅庸俗的风格，这种现实状况让许多产品设计师感到绝望。情况往往是工程部开发出某种技术，市场部定夺好功能之后，设计师就会被叫来给产品加个塑料壳子或者美化一下外观，然后产品就上市了。设计师一直为这种缺乏整体性的做法而哀叹，因为很晚才加入的设计过程只被看作浮夸的把戏，大家都心照不宣地认为设计师缺乏为产品创造价值的脑力和智慧。关注点从产品本身向体验的转变给设计师带来了翻身的希望，设计师由此感到自己获得了力量，可以去做自己一直想做的事情——设计能激发用户情感反应的有意义<sup>⊖</sup>的产品。

体验在情感层面上能引起共鸣，是令人难忘的。体验的这种特点让设计师乐此不疲。人类擅长从智力和情感上记住各种体验的细枝末节。即使是糟糕的体验也能深深织

---

⊖ 原文为"meaningful"，一方面是指"有意义"，另一方面也可理解为"言之有物"，即如作者前面所说，产品传达了设计师注入产品设计中的观念。——译者注

入记忆中，我们经常会带着愉悦之情回忆起自己错过飞机、失手让笔记本计算机掉进水池，或者不小心让微波炉着火的经历。多年之后，一款糟糕的产品并不会变得有趣，大多会被人遗忘，但一次糟糕体验可作为故事叙述成为人与人之间的联结纽带，从而经受得住岁月的蹉跎，留存在记忆中。

体验蕴含着产品设计师长久以来所探求的那种深意。乍看起来，从设计物品转换到设计体验是件简单的事情，但实际上并非如此。

人类体验都是独特的。这个简单的事实对于诉诸设计体验的人士来说，意味着大量的问题。由于人与人之间总会存在微妙的差别，因此，即使是精心炮制的活动或交互体验，对于不同的体验者而言都是存在微妙差异的。一个人可能不知何故自今早醒来就有些沮丧，他可能比预想中的"普通人"要高一点或者矮一点，可能做些意料之外的事情，还可能犯错误。实体产品的量产要求产品具有公差，目标是能高效地进行复制，为此应运而生的质量工程方法被用来确保生产出来的产品一直都是完全一样的。然而，一次又一次的体验不会是一样的。只关注量产就忽略了人类行为和情感（在影响体验方面）的微妙特性。

说得更具体、更不客气一些的话，产品设计师目前已经被历练得精于创造可预期、不会发生意外的产品，但现在游戏规则又变了：现状又要求设计师创造反响良好、能引起共鸣，但不必完全可预期的体验。显然，设计问题变得更复杂了，而想要设计得好更是难上加难。

## 现实挑战

对于专精实体产品设计和开发的商业公司而言，除了语义上的哲学问题（宣称"设计一种体验"在语义上可能根本就是错误的）和之前介绍的"控制权"问题以外，设计以数字化方式增强的体验还面临着新的软件设计与开发方面的现实挑战。从静态人工制品生产者到体验提供者的角色转换引入了诸多难题，而许多商业公司可能还没有做好应对准备。

实体物品的生产技术经历了一个多世纪的试验和探索，而软件开发还处在发展的早期阶段。要想生产包含实体和数字部分的混合型产品，必须重新考量那些被认为在20世纪80年代就已经做到极致的质量保证环节，也必须重新考察在新形势下生产无缺陷产品在质量保证上意味着什么。用来改善数字产品质量、缩短产品上市时间的诸多方法尚存缺陷和争议——即使在专营软件业务的公司也是如此（其中最常见到的争论之一就是所谓敏捷开发与瀑布式开发的争议，争议双方都能提出令人信服的论据，但鲜见任何一方的观点获得过广泛认同）。许多软件公司都采取了"补丁加升级"的策略，在发布产品后跟进发布补丁程序以修补小问题，同时通过发布升级程序全面改善功能。消费者已经习惯了升级已购买的软件产品，而他们是否也具备足够的耐心来不断升级（结合了数字功能的）实体产品，这还有待持续观察。一些娱乐产品为我们窥探未来发展方向提供了线索，比如任天堂的 Nintendo Wii 游戏机频繁提示玩家进行升级（当升级包比较大时，也会严重滞后玩家游戏的时间）。家里的炉灶被强制升级，会是什么样的体验呢？大家必须等上几个小时，等升级版安装完毕之后才能开始做饭吃吗？如果用户忽略了升级（几乎可以肯定用户会这么做），会发生什么？如果炉灶"染了病毒"，该怎么办？

产品经理之前已经习惯了将产品看作单个的一次性销售的对象，而现在则需要学习新的技能和手段。数字产品让用户产生的"连接感"（connectedness）意味着，数字产品与用户之间建立的是长期关系，需要更灵活、更普遍、更及时和更友好的售后支持和客户关怀。如同消费者有可能不愿意升级自己的器具产品一样，当微波炉、搅拌机、门铃或者恒温器不进行升级时，用户同样也可能不愿意等待离岸（offshore）服务代表的回话回音。

将数字产品（比如软件）的生产外包出去所需耗费的时间和资源，会让那些精于将实体产品生产全权外包出去的实体产品公司感到震惊。生产实体结合数字技术的混合型产品时会面临更多挑战，广泛涉及兼容性、软件问题修补（bug fix）、安全性、个性化定制、加工工艺、生产技术、发行和售后支持等。

除了上述与产品稳定性和产品质量相关的现实挑战以外，还有整体策略上的挑战，这些挑战需要由公司高层自上而下地着手处理。强调体验的重要性，也就明确地意味着，单个人工制品（产品）并非被用户孤立使用的，产品使用体验横跨了多个事物和系统。由于产品之间、产品线之间在使用体验上存在着关联性，因此大型公司的单个业务部门不能像以前那样只关注单个产品或产品线了。养护草坪的体验包含着一系列快速转换的活动，从割草到修边，从修边到平整，从平整到浇水，等等。家用产品公司的诸多产品团队可能原本各自关注各自的产品线，而消费者则期望同一品牌的各种产品能相互搭配使用。特定产品的负责人必须不断地与其他产品部门进行沟通，以使其产品能很好地融入跨多个产品的整体交互体验。

这些说起来容易做起来难，因为大公司经常是以细分的产品线来划分部门的，而各部门开发团队又只能涉及特定的产品或产品组合，处于见树不见林的状态。如果公司的薪资政策强化了各产品部门自我封闭、自我保护的趋势，那么任何人都没有动力与已形成竞争关系的其他部门打交道。在公司层面，问题也是一样的：如果各产品部门只需对自己的绩效负责，那么各部门就会被激励着与其他部门划清界限。当然，只要不越过底线，部门之间的协作还是没问题的。公司内部这种垂直化的组织方式对用户的产品使用体验（无论是视觉上的还是概念层面上的）产生了负面影响。消费者在使用同一品牌的多款产品时，很少能获得连贯、一致的交互体验和美感，也很难把从一款产品中习得的操作知识沿用到另一款产品中。大部分消费者在尝试将自己的照相机与打印机搭配使用时，都体会过这种品牌上的割裂感。即使两种设备来自同一家公司，两者之间的连接使用也从来都不是无缝的。值得注意的是Apple公司，其采用了独裁式的中央化组织结构，自上而下地监管着品牌的一致性和统一性，使其所有产品都能良好地搭配工作<sup>⊖</sup>。

品牌由品牌准则（brand guideline）描述，为品牌准则所指导。同样，交互也需要这种层面上的统一。由于交互的微妙性和差异化，一组交互准则（通常表现为简单的模式库或者统一的语汇）并不足以实现有意义的一致性。要横跨多个产品线实现统一和一致性所面临的挑战，只有少数几个成功的先例（比如Apple或Nike）突破过，而这些成功的公司也越来越对其内部的跨部门流程保密。许多人将这些先

---

⊖ Peter Burrows. "Commentary: Apple's Blueprint for Genius." In *Businessweek*, March 21, 2005. < http://www.businessweek.com/magazine/content/05_12/b3925608.htm >

例的成功归功于手腕铁硬、有远见、极富创意的公司领头人，然而找到这样的领导者对于绝大部分入选《财富》500强或全球2000强的公司而言是可望而不可即的。

## 主导整个体验

很多《财富》500强公司的领导者以各种各样的方式面对这些关乎体验的挑战，其取得的成果各不相同。许多公司都改变了以往的广告思路和品牌活动思路，转而表述其对体验的专注。例如，Dell公司想要控制客户体验，"几乎每间办公室的每个公告板上都贴有'客户体验：拥有它！'的标签"[一]；而Hulu公司在播放电影之前询问客户，哪种"广告体验"客户更喜欢。显然，产品的整体形象并不能代表这些公司所承诺的"乌托邦"。对于通过关注体验而获得经济收益的公司而言，其做出的改变远不止公共关系（Public Relation，PR）方面的，其组织业务的方式和看待产品、服务及系统的视角都改变了。

大型公司若尝试为用户提供能产生情感共鸣和个人化的交互体验，做出的最显而易见的改变之一就是成立UX团队。UX团队的成员可能没有接受过正式的设计培训，但他们在数字产品的开发过程中代表了用户的声音，充当

---

[一] Scott Kirsner. "The Customer Experience." In *Fast Company*, September 30, 1999. <http://www.fastcompany.com/magazine/nc 01/012.html? 1273395547>

了用户一方的支持者。他们会与外部的设计公司协同工作，权衡技术上和业务上的需求，并给出我们熟悉的文档，包括市场需求文档、产品需求文档和产品规范等。成立正式的 UX 团队，并将其安置在市场部门或工程部门之外，这正是前述诸多"迈向体验之改变"所产生的积极影响。更重要的是，UX 团队在开发周期的早期阶段就开始介入，以便参与最初的策略讨论并驱动产品开发过程。

　　然而，这种将 UX 集中化的做法并不完美。即使是在最无恶意的公司里，各个业务部门之间也存在分歧和冲突。UX 专员受命完成设计工作，却经常缺乏必要的培训，以致无法很好地完成工作。同样常见的情况还有，UX 专员缺乏必要的可视化语汇（见本书前面的各种可视化表达方式），无法以能引起情感共鸣的方式来向其他部门表述自己的工作内容，结果就使 UX 团队退化成外部设计咨询公司的传话筒。事情到达如此地步是相当令人沮丧的，因为这弱化了 UX 团队在公司内部的角色，还可能将团队放在了照丑灯下：UX 团队可能因此被其他部门看作"外部厂商管理团队"或者"轻量级市场部"。

　　更糟糕的是，由于 UX 团队成员通常具有从事市场工作或可用性工程的背景，因此他们的工作缺乏正式的、有据可依的创意设计过程。他们采用的设计方法可能缺乏一致性且疏于系统文档化，导致其在每个项目或开发周期中都要重新发明轮子。又或者，其采用的设计方法源自传统的市场工作方法，于是 UX 团队的经理就把时间花在市场需求文档、产品需求文档，以及其他华而不实、并无必要的文档（通常逐字逐句地定义了产品必须具备的功能特性）的管理工作上。设计当然有需要文字描述的一面，但是一份用文字描述功能特性的文档并不能表达太多随时间推移而变化的体验、交互，或者动画和状态转变。这些关乎体验的东西需要其他更有用、更具可操作性的表述方式，比如能工作的原型。

当然，无论 UX 团队的水平如何，存在这样的团队本身就说明了公司正致力于打造情感化的产品和交互体验。

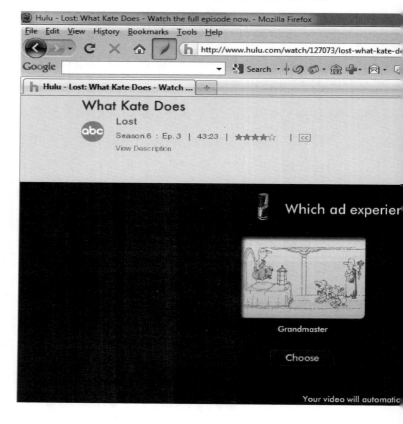

其他部门与 UX 团队并肩工作，体现了公司整体策略上的转变，是向生态系统设计或端到端全程产品周期这方面的推进。此时公司考虑的是，如何在品牌忠诚度的基础上更进一步，实现互联的家庭或工作环境，从而达到"部分之和大于整体"的目标——如果同一家公司开发的所有产品都能够相互沟通协调，那么这些产品联合形成的功用就能成倍放大。这种互联特性就是保证客户再次购买（repeat brand purchase）的策略，此策略也称为"客户锁定"（locking in the customer）或者"转换成本"

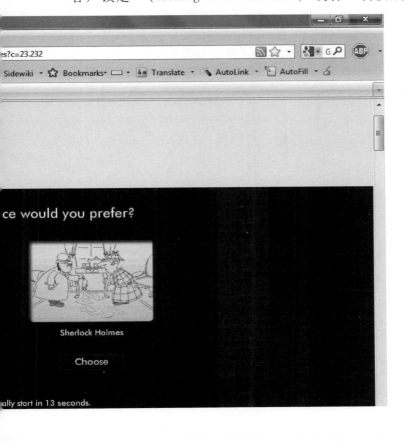

（switching cost）<sup>⊖</sup>，后者听起来更有人情味一些。

如此一来，我们当前所处的形势可以这样归纳，即前述的诸多重大改变可能使两方受益：其一，通过增强了情感共鸣的产品使消费者受益；其二，使公司受益，公司可以横跨诸多接触点（即产品与消费者发生交互的场合）提供一致、协调、互联的体验，从而充分发挥品牌价值的作用。这些改变催生了一些有难度的挑战，并在三个方面（一是组织结构的本质，二是设计过程，三是能应对这些挑战的设计师群体）提出了关键性问题。另外，这些改变还反映出相关必要培训的缺失：无论是初入行的设计师，还是因公司开始关注 UX 而踏入设计领域的其他专业职员，都缺乏改变所要求的新技能。

## 真实性

在过去的二十余年里，品牌体验已经被公认为产品开发领域的关键组成部分。星巴克和 Nike 这样的大品牌为市场营销建立了新的规则。在新规则中，市场营销预算不一定全花在产品的销售上，有大部分预算用在了提高品牌认知度或者"心智地盘"（mind share）<sup>⊖</sup>方面。植入（place-

---

⊖ "转换成本"指的是用户放弃既有产品，改用新产品所涉及的成本，比如支付新的费用、失去原有产品提供的好处等。——译者注

⊖ "mind share"意指在潜在消费者的脑海里存留关于品牌的印象和信息，"占用"了用户一部分心智。——译者注

ment）、消息传达（messaging）、黏度和体验等市场营销术语已经出现在产品设计，甚至互动多媒体设计的讨论中。Julie Khaslavsky 和 Nathan Shedroff 探讨了品牌在他们所谓的"诱惑性体验"（seductive experience）中扮演的角色："成功地终结一次诱惑（体验）就像了结一次好说好散的浪漫关系一样。如果产品创造者想要有机会再次引诱顾客，或者博得顾客对体验的赞誉和感激，体验应该总是给人留下正面、积极的印象，让人感到值得。"[一] *A New Brand World* 一书的作者（同时也是令人难忘的 Nike Just Do It 营销活动缔造者）Scott Bedbury 针对理解和发展这种诱人的品牌认知列出了几条原则。他的总结也不出意料："相关性、简单性和人性——而非科技，能使品牌与众不同。"[二]

回想一下你上次在星巴克享受咖啡的情景。店内灯光柔和，墙面上丰富的暖色衬托着店内四下摆放的一排排舒适、宽大的座椅和沙发。在店员微笑着欢迎你之前，柔和且常常带有爵士音乐节奏的背景音乐已经丰富了现场的实际体验。而所有这一切又都比不上现磨咖啡和各种甜品在店内散发出的丰富、令人愉悦的香味。

---

[一] Julie Khaslavsky, and Nathan Shedroff. "Understanding the Seductive Experience," in *Communications of the ACM*, May 1999, Vol. 42. No. 5. p. 49. Association for Computing Machinery, Inc. Reprinted by permission.

[二] Scott Bedbury. *A New Brand World: Eight Principles for Achieving Brand Leadership in the Twenty-First Century.* Penguin, 2003. p. 183.

当你走向柜台时，你可能并未意识到，当然也可能不会喜欢这样的事实，即进店后的特定体验——所感甚至所为——都是被精心安排、设计出来的，这就是星巴克式的体验。色彩、香味、流程、工序、布局、陈设、长宽高、材料、曲线、转换、形式、口味和产品等，全部都是经过精心安排和调配的，目的就是确保你在星巴克得到一次成功的体验。这种体验具有令人感到舒适的可预见性——美国俄勒冈州波特兰市的星巴克与纽约市的星巴克提供几乎完全相同的体验。商标通常是公司用来描述自己的方式之一，而星巴克的品牌则超越了商标本身。如果要你形容一下星巴克的商标长什么样子，可能都不那么容易说清楚。然而，当你下一次在街边便利店买星巴克冰激凌时，你就会忆起上次享用低咖大杯拿铁（Venti Half Caff Latte）和脆饼时的美妙感受。

与其说星巴克是在卖咖啡，不如说是在卖预先定制好的体验。如果考察星巴克顾客实际消费的产品，就会发现咖啡其实并不是关键产品。实际上，星巴克希望自己成为消费者的另一个家。星巴克在其 2004 年的年报中解释道，公司的目标是成为人们除了家庭和工作场所之外的第三个场所，让人在其中感到舒适并保持忠诚（后者更重要）[一]。

---

[一] Starbucks 2004 Annual Report, p. 13.

将自己定位为"第三生活场所"的公司并不少见。Gap 公司的 Forth & Towne 连锁店力求为中年女性顾客创造一个放松的舒适场所<sup>⊖</sup>，Apple 公司也下力气拿体验进行叫卖："进入苹果零售店，你完全看不到的一样东西就是收银机。这让你感觉像是走进了可以亲身体验的博物馆，而不像是走进了商店。Apple 公司当然意在兜售产品，但其首先要燃起你对产品的欲求。这种欲求必须产生自店内的产品体验。"<sup>⊖</sup>

星巴克当然也深谙"诱惑性体验"对于增加回头客的重要性。除了打造引人入胜和可预见的体验框架之外，星巴克还持续保证了咖啡产品的高品质和独特性，以此向顾客表示：星巴克倾力打造最高标准的卓越。通过调动快乐的雇员（即其所谓的"合伙人"，有资格享受丰厚的待遇，比如全面的医疗保险和针对兼职雇员的美国 401K 养老金计划）和在美国全面贯彻实现星巴克体验，这个追求卓越的信息就被完整地传达给了顾客。

星巴克、Forth & Towne 和 Apple 公司的设计师探究了体验的本质及其在销售中的角色——他们把设计的重心放到了人们购物时的体验上面。设计出来的产品在概念上有

---

⊖　"It Sure Ain't Old Navy."*Businessweek*. October 17，2005. < http://www. businessweek. com/magazine/content/05_42/b3955100. htm >

⊖　Jesse James Garrett. "Six Design Lessons from the Apple Store." July 9th, 2004. < http://www. adaptivepath. com/publications/essays/archives/000331. php >

些模糊，而产品的实体品质与其被购买、使用和丢弃的整
体体验之间的关系也变得越来越难理解。其实，这种实体
与体验之间的辨析也许无关紧要。交互设计师并不认为人
工制品与其被使用的上下文情境之间有多大区别。

公司试图通过体验来为产品注入能引起共鸣的情感化
欲望，试图充分利用消费者购买决策中非理性的那一面。
人工制品的真实性（authenticity，或真实感）完全取决于
工艺水平和它唤起情感反应的意图和能力。对于大规模生
产的制品，这是通过公司或品牌的产品宣言来落实的。缺
乏真实感的物品很容易被看穿：木制表皮会慢慢与内部的
刨花板分离，涂层会出现划痕，表面会褪色。时间似乎可
以暴露大规模生产的真实感把戏，把生产上的不足、便宜
的材料和计划报废（planning obsolescence，即有意制造不
耐用的产品以使用户购买新品）的程度暴露无遗。遗憾的
是，我们已经习惯和接受了这种导致真实感缺失的设计选
择；而当粗糙的劣质品暴露了自己的本质之后，我们只不
过会扔掉这个再买一个新的。物质主义和消费文化不只蹂
躏了生态环境，还变成了挡箭牌，成了我们拒绝承认以下
事实的借口：诱使我们购买产品的那些公司正是拿产品真
实性愚弄我们的罪魁祸首。

面对公司上演的这种产品真实性的闹剧，有些人变得
明智了一些。无论公司如何花言巧语、乔装粉饰，引诱其
购买产品，他们都不会上当。他们只选择手工制作的精美

制品，学会了辨识优秀的设计和诚实的劳动。对于这些受过教化的消费者而言，辨别实体物品的真实感不再是挑战，他们会考察细木工制品的加工密实度，也会对橡胶涂料大为赞叹。

然而，在考察数字产品、服务和大型系统的设计时，真实性问题变得更难识别了。所谓产品、界面、环境和服务的"全面体验"（total experience），正是真实性把戏的新标杆。生产产品本身已经不够了。有人主张，与设计复杂和多面化的系统或服务相比，生产产品已经没什么挑战性了。对于在体验中没有物理实体的数字产品，消费者又该如何辨识其真实性呢？

设计师诉诸支持丰富、引人入胜和可重复的体验，因为这么做看起来既有经济价值，也似乎具备创新管理的潜力。然而，越来越明显的事实是，量产出来的体验几乎无法在保持真实性的前提下被消费，因为随着公司对体验的掌控越来越强，用户对产品体验产生共鸣的可能性也越来越低。这就是真实性问题：消费者在诸多接触点中发现了无法弥合的体验裂缝，开始质疑整个品牌化体验。如果航空服务人员这天过得很糟糕，或者昂贵的餐食烹饪过头了，又或者有体育比赛的球员被发现服用了激素，那么真实性问题就会露出丑陋的嘴脸。美观、完美和可预见性的幻象消失了，剩下的只有体验的枝干骨架。除了苹果零售店和星巴克等少数几个例外之外，"将生活方式类品牌塑造为美好体验"的想法基本是无稽之谈，而将品牌融入文化的尝试与 DIY、地下的或一次性的体验架构相比，还不如后者显得更真切。

## 飞行体验

下午 3 点 45 分，USAirways 公司直飞美国菲尼克斯市的 3912 号航班刚刚被取消。我正带着笔记本计算机、手机和便携包坐在圣何塞机场的地面上。我的同事 Michael 正盘着腿坐在我身边，还有其他一些人躺在地面上，包括几位西装革履的人士。Michael 辗转用了我的手机在跟 USAirways 的客户代表进行沟通，而我正尝试着用他的 Blackberry 手机访问 USAirways 的网站。门口的乘客们还没搞清楚飞机已被取消的事情；公告牌上显示的信息仍然是该航班晚点一个小时，之后还会改为晚点两个小时，最后才会改成更有用的"航班取消－请联系客服"。

Michael 从通话里得知，这次航班无法在圣何塞机场降落，因为它还没从菲尼克斯市起飞呢。正当他第四次被手机通话的那一方告知请等待时，门口的服务人员似乎也受够了这场面，直接宣布了残酷的消息：航班已经被取消了，有 150 位乘客需要重新换机票，而她是唯一处理此事的人员，并请大家保持安静排成一队。

次日清晨我们换了 Southwest 公司的机票，还得到了补偿。那位门口的服务人员给我们每人一张 5 美元的午餐券，以及 523 美元的手写支票及找零。她解释道，我们需要向 Southwest 公司的服务柜台出示这些票据，该公司会为我们安排新的座位。"他们（Southwest）知道怎么处理吗？"我半信半疑地问，得到的回答是："当然，这种事情时有发生！"

飞行这件事情曾经被技术奇迹的光环所环抱。飞机能飞！像施了魔法一样，我们竟然能在天空中翱翔！而在技术光环褪去之后，标准的资本主义作为就占了上风。价格降低了，乘客期望升高了，商品化的步伐绊住了创新的脚步。

想想波音客机的卫生间。想想机舱内的空气质量。想想我们与陌生乘客挤在一起的情景。想想机舱广播的音量。又或者想想点缀着咖啡渍和干果碎屑的苏格兰佩斯尼涡纹旋花图案的地毯。这一切所包含的真实性问题在于：这个产业牺牲了设计，坐拥着工程技术，依靠单单一次技术创新（飞行技术）一路走过来。

然而，真正丰富、真实的体验其实每天都在发生。人们的生活充满了悲伤、狂喜、意外等诸多情感，它们都直

接来自交织于文化之中的强有力的故事叙述。这些真实的
体验几乎总是由设计以间接的方式支持着：两位长久以来
失去联系的老友在机场的重逢源于候机厅设置，但候机厅
只是辅助性地支持了两人的重逢，设计候机厅当然不是为
了让失去联系的朋友相聚。

由此可以设想，设计师应能以不那么强硬和专制的方
式让设计专注于对真实人类体验的支持（而非控制）。设
计师不再力图掌控随时间发展的一系列交互过程的方方面
面，也不再试图手把手带领用户进入一套预设的体验，取
而代之的是，设计师能生产不完整或只是部分完成的人
工制品，并以此来支持生活中自然涌现的真实体验。当
人们在一次体验中遇到这样的"半成品"（无论是数字
制品还是实体制品）时，他们会自主地补完缺失的部分，
而这个补的过程是具有创造性的。这种基于时间的创造
性过程带来了时间维度上的美感。

## 体验中的时间美学

时间在体验（特别是长期体验——延续一周、一个月
甚至多年的体验）中的角色很难追溯和理解，设计对其的
支持也少之又少。然而，对体验中的关键时刻可能出现的
交互进行预测，就有机会在这些关键时刻进行干预，从而
形成设计价值的"节奏"。这种节奏出自对用户行为的某

种预期，预期他们在使用产品、服务或系统的全程体验中
的所做、所想和所求，从而主动地满足这些欲望、需求和
欲求。例如，公司也许会对顾客做出预测，预测他们何时
最有可能通过口头讲述或撰写博客文章的方式与别人分享
产品使用体验；公司也可能会预测其顾客何时最有可能遇
到困难，比如进行服务升级、降级或搬家时。在上述情况
下，我们可以经由设计来探寻和考察顾客对产品因老化或
报废而产生的变化的情感反应，并主动地酌情应对，以转
化产品体验的变化。

以送货售鞋著称的 Zappos 公司会向一部分顾客提供免
费升级到次日送达服务的"惊喜"<sup>⊖</sup>，很可能依据系统性
计划选择在特定的时刻推送这些惊喜，以取悦顾客或改善
较差的顾客关系。许多连锁旅店则经常在服务结束后致电
顾客，询问其对旅店服务的评价。这些干预性的客户服务
需要按照计划好的时间和间隔来实施，以便达到预期的最
佳效果。这样就逐渐形成了随时间推移而出现的交互的
"节奏"。

如果全面考察产品的交互体验，就会发现上述那样的
关键接触点存在于整个产品使用周期。尽管并不是所有接

---

⊖　Matt Mickiewicz. How Zappos Does Customer Service and Company Cul-
ture. In *Sitepoint*，March 30，2009. < http://www. sitepoint. com/blogs/
2009/03/30/how-zappos-does-customer-service-and-company-culture/ >

触点都能直接为公司带来新的利益，但是它们从整体上决定了用户对产品或服务的设计产生的情感反应。现今的许多消费类电子产品厂商都把所谓"开箱即用"（out-of-the-box）体验看作产品交互体验中的关键，但其实还有其他同样起着关键作用的时间点值得斟酌，至少包括：

- **产品最可能出现故障的时刻**。汽车厂商非常清楚诸如"正时皮带"等模拟部件在汽车中的使用期限，因此会在特定的时刻（比如达到特定的公里数时）鼓励消费者接受汽车售后服务，以便及时检查出快要报废的部件。所有类型的产品都能从这种预期分析中获益，廉价的计算能力和联网能力使科技产品能更容易地向产品厂商进行汇报，报告用户使用产品的方式或潜在的故障点。这种汇报过来的关于产品使用情况的数据称为"回送数据"（back-haul data），能描述用户使用产品的实际行为，使厂商不再局限于对用户行为的预期和设想。"用户通过写电子邮件、打电话、论坛发帖和填写用户调查来提交的数据"⊖正是这种回送数据。

---

⊖　Tim Miser. "Building Support for Use-Based Design Into Hardware Products." In *Interactions Magazine*, September & October, 2009. p. 58.

作者正在经历"开箱即用"体验

- **用户有了足够的信心来使用高级功能的时候**。这是用户从初级使用者过渡到高级使用者的时刻，此时使用产品高级功能会产生两种结果，要么拥有对产品的归属感和忠诚度，要么开始排斥产品（如果此时体验不佳的话）。这个时刻的敏感和脆弱程度怎么强调都不为过：用户尝试使用高级功能（比如复杂或不常用的操作、设置等）时担负了个人风险，这么做有可能会让用户感到自己很笨拙或很幼稚。设计师需要考虑的是，产品能否预测出这种时刻并以人性化的方式对用户予以支持和鼓励，设计师还要考虑产品在话术、供持性和交互等方面可能发生何种改变。

- **用户最有可能通过各种方式分享其产品使用体验的时候**。故事讲述、新闻轶事、点评，甚至是闲聊，都是用户可能采用的分享方式。设想一下，如果产品能感知自己被用户提到，并适时妥当地提醒用户其所提供的价值，那会是何等有用。

- **用户最有可能需要对产品进行升级（增加功能）、降级（减少功能）或维护（必须进行的常规但烦琐的操作）的时候**。当打印机墨盒的油墨用完时，打印机不仅可以闪烁红灯，还可以告知用户所需墨盒的型号、可以从哪里购买，以及如何回收墨盒。

尽管这些时刻通常都是产生额外利润的机会，但更重要的是把它们看作与用户进行"对话"的时刻，而不是销售时机。从长远的角度来看待客户关系就意味着，当用户打算对产品或服务进行降级，甚至完全终止使用的时候，不应该大惊小怪，而当泰然处之。用户基于经济考虑而与产品脱离了关系，并不意味着公司与用户的对话就结束了。

设计师具有独特的地位，有能力改善人类生活的方方面面——视觉上的、情感上的和体验上的都包括在其中。无论使用何种介质提供解决方案，交互设计都应该是令人满意的——美观、优雅、恰当。美感的精化对于产品的成功非常重要，而产品引起用户共鸣的能力则能深入人心，以积极的方式影响社会和文化。

## 第五章

# 诗意、精神和心灵

要考察设计的实质，方法之一是透过诗歌般的语言滤镜来进行检视。交互发生在人与物体之间的概念空间中，同时又是物质化的、认知层面上的和社会性的。富有诗意的交互不仅能立即引起共鸣，还能持续保持言之有物的品质，引人反思，并且深深依赖于情感意识的状态。此外，它几乎总是微妙且难于察觉的，又存于心中为人所知。

先想一想用德国著名的 Wüsthof（三叉）牌厨房用刀具来切大蒜瓣这一极富诗意且极度精炼的动作，再来想一想坐着过山车冲过最险要的一段弧轨这种冒险而喧闹的体验，并将两者做个比较。坐过山车的体验跌宕起伏，依赖于极限状态下肾上腺素的大量分泌。这种充斥着畏怯的体验让大部分乘客在体验过程中停止了"思考"。一坡又比一坡陡，一弯又比一弯高，风顺着头发呼啸而过，头部因重力和加速度而充

血——这种兴奋的体验首先是源自感官的，其次才会源自认知意识（如果那时候还真起作用的话）。

相比之下，用厨具准备烹饪材料（比如切大蒜）就是相对"平凡"的体验了。试想煅制精良的 Wüsthof 钢刀的使用体验：手握刀柄，刀刃与砧板不断接触而咔嚓作响，大蒜刺激性的味道向眼睛和鼻子袭来。与引人入胜的小说一样，这种看似平凡的体验为使用者创造了一个可以沉浸其中的体验世界。而与阅读小说不同的是，使用刀具的人并非悠闲的局外观察者。感官体验（手感、气味等）的介入强化了使用者对体验的意识和认知<sup>⊖</sup>——"用户"（即使用者）不仅仅是"观者"（viewer）。

过山车以强制性的力量迫使乘客表现出特定的行为，过山车的体验不断提醒着乘客，自己很兴奋。相比之下，钢刀则是以沉稳但坚定的方式对用户进行"诉说"，使交互过程变得不那么显而易见，却更加引人入胜。坐过山车

---

⊖ Don Norman 在其著作 *Emotional Design*（情感化设计）中借"诗歌"概念探讨了这一点："这就是故事叙述、剧本和演员等的力量，它们能让观者置身其中，身临其境。这就是著名英国诗人 Samuel Taylor Coleridge 在讨论诗歌精要时所提到的'有意识地压抑怀疑和不相信的感受'。这个时候，你的身心被带入故事的虚拟世界，意识到的是故事的情节和角色。"（Norman，125，经授权引用上述文字）。这种共同的联系似乎联结了诗歌、电影和设计等领域。于是，理解交互设计的诗意就不会是个孤立的过程，而必须是多学科交叉的综合理解，交互设计师必须全面认识到这一点。

的体验是被动式的——乘客上车坐下，然后接受感官刺激。而使用刀具的体验是高度主动和活跃的，要求用户具备高度的参与感。

　　富有诗意的交互通常具有或能催生三个要素：真诚、专注，以及对感官细节的敏锐关注。这三种要素催生了参与者的创造力。值得注意的是，此处在用词上的变化：现在谈的是参与者（participant），而不只是用户（user），因为我们不光是在使用产品，而且还在使用过程中发挥了主观能动性，积极地参与其中。

## 真诚的交互

　　在产品开发的范畴里讨论真诚（honesty）这个概念颇为不易，因为它会让人想到伦理、道德和人性的基本准则等。虽然生活信念、自由和追求幸福等能让美国人产生共鸣，但这些只是西方意识形态中的观念——对于日本人来说，简单、尊重和自然等概念可能更有意义。因此，尽管正直<sup>⊖</sup>这个概念背后的基本原则（比如不偷盗、不杀生等）也许是跨文化相通的，但是其所包含的细节因文化而异。

----

　　⊖　作者在此交替使用了真诚（honesty）和正直（integrity）两个概念，因为两者在英文中是近义词。"integrity"也有完整性的意思。译文中将以"真诚"和"正直/完整性"来区别两者。——译者注

设计出来的产品也许在一种特定文化中传达了某种真诚的意味，但在其他文化（或亚文化）中则可能显得毫无真诚可言。同时，文化也会随时间而改变，因此传达真诚的产品设计也可能会随着社会的变迁而发生变化。

然而，在尝试为"富有诗意的交互设计"定义框架时，不能拿相对性来说事。如果真诚就意味着正直（integrity，即完整性），那么交互设计师就要在产品开发过程中保持设计在多个层面上的完整性，而在这些特定的层面上，真诚就超越了文化边界，成了跨文化相通的概念：商业愿景的完整性、对消费者的正直，以及用料上的正直⊖。

商业决策通常都是经过深思熟虑后做出的，然而中层管理往往可能会妨碍这些目标的落实，因为他们可能误解并违背最初的决策及决策背后的逻辑。要维持商业愿景的完整性和一致性，就需要交互设计师以某种方式参与商业愿景的制定。如果不知道这个东西是什么，又如何能保持它的完整性呢？公司内部品牌宣传（branding）是在公司内部传达和落实商业目标的手段，通常表现为一系列决策性命令或者一些关于目标及其产出结果的口号式宣言。这类措施常常是对相关人员强行灌输价值观的尝试，而这些

---

⊖ 所谓"用料上的正直"即用料的真实性，主要指的是在用料上提倡真材实料，实现"高保真"而非"高仿"的一种选材态度。具体见后文详述。——译者注

人员本身并未参与所涉价值观的建立过程。*Firing on All Cylinders* 一书的作者Jim Clemmer<sup>⊖</sup>声称，这些口号是12至18个月期间的目标、优先事项和改进对象，一旦达成，即可引领团队或企业实现其愿景、价值和目的。然而，当目标或优先事项被缩减为诸如"Trim the Fat"（刮掉肥膘）（Albertsons 连锁超市的口号）或者发音短促的"Imagine. Build. Solve. Lead."（想。建。解。领。）（General Electric 公司的口号）之类的隐言晦语时，大部分参与产品开发的人只会装装样子敷衍过去。这些精简至极的口号要求员工死记硬背，表现出公司对员工的轻视——采用口号来沟通似乎是在暗示公司认为其员工无法理解商业决策和战略的复杂性。

Victor Margolin 反思道："设计师或企业家应该能制定商业计划，辨识新产品在全球市场中的定位，并寻找合适的风险投资。"<sup>⊜</sup>如果设计师和艺术家能真正理解其项目和工作方向的来龙去脉，那么他们就能很好地接受和认可战

---

⊖　Clemmer 狂妄地将自己标榜为"畅销书作者、国际知名演讲家、讲学/培训领导者，以及领导力、转型、顾客导向、文化、团队及个人发展等领域的管理团队塑造者"。< http://www. clemmer. net/excerpts/use_strategic. shtml >

⊜　Victor Margolin. "The Designer as Producer." In *Citizen Designer：Perspectives on Design Responsibility*. Ed Steven Heller. Watson-Guptill Publications，2003.

略决策，并努力为之奋斗。若设计师想要对商业价值和战略达到这种程度的理解，其角色就要不偏不倚地体现在业务的核心中——这需要设计师与公司高层人士一道身处于能做出商业决策的会议中。

　　要实现"对消费者（或称参与者）的正直"，就需要充满激情地倡导人性。这种倡导超越了实现"对用户友好"或者"简单易用"的范畴，要求实现对最终消费者和产品用户的尊重⊖。这种尊重源自设计师对用户的理解和同理心，这让设计师超越理性，转而从情感上实现对用户的关切。虽然设计和生产多是以获利为目的的活动，但是它们仍需合乎伦理道德并被慎重对待。然而，所谓"计划报废"的做法却试图在无知的消费者面前玩障眼法，这本身就是对"正直"的拒斥。工业设计师 Brooks Stevens 被认为是"计划报废"概念的提出者，看看他对这种设计品质的表述中体现出来的厚颜无耻吧："要向购买者灌输这样一种欲望，让他们想要以稍微快一点点的速度去获得稍

---

　　⊖　"倡导"与"可用性工程"两个概念比较起来，颇值得深思。"倡导"意味着人的呼声，意味着一种让一切变得更好的强烈而活跃的献身精神。而"可用性工程"则经常是站在技术或商业的视角和立场上，诉诸可用性改进的百分比数值，或者将可用性活动本身的成本合理化。设计师在拥抱技术或商业理念时，为了保持自身在产品开发中占有一席之地，往往不得不做出妥协。但是，倡导本身不应被妥协让步所"污染"。

微新一点点、稍微好一点点的东西。"⊖设计越多越深入，力量也就越大。为什么要在产品与参与者（用户）形成的对话中试图欺骗本具有中立态度的参与者呢？为什么不能运用这种力量，让个人、家庭、社会都变得更美好呢？

用料上的正直要求设计师对自然世界和人造世界抱有尊重的态度，还要求设计师对各种材料如何自我表达具备哲学高度的理解。想一想克莱斯勒（Chrysler）公司出品的带有木纹板（木头质感的材料）车门的 PT Cruiser 汽车。该车是用金属和塑料制造的，无论怎么看都透着"人造/非自然"的气息（即使其造型借鉴了 20 世纪 60 年代早期的 California Surf Wagons 汽车设计）。根据克莱斯勒的说法，这款汽车是"大气的小型汽车替代品"（small car alternative that lives large）。那么，设计师为何要在车门上采用"简单、平滑的木纹图案"设计，而且把图案定为"线形中橡木木纹配淡灰镶边"呢？汽车本身根本不是木制的，看上去像木头的部分根本都不是木头！克莱斯勒集团的高级设计副总裁 Trevor Creed 试图这样解释其设计："克莱斯勒 PT Cruiser "木质"版的设计旨在重现 20 世纪 60 年代流行的 California Surf Wagons 汽车那种无忧无虑的乐

---

⊖ Glenn Adamson. *Industrial Strength Design. How Brooks Stevens Shaped Your World.* MIT Press, 2003.

趣。"⊖但问题是，真正的 California Surf Wagons 汽车，特别是 Mercury Station Wagon 款式的汽车，是用真材实料的木头制造的。与许多20世纪30年代晚期和40年代早期的汽车一样，1946 Mercury Woodie 款汽车采用了纯木制框架（大部分材质可能是桦木或红木）。如果想说汽车是木制的，那当然就应该真的是木制的。"木纹图案"哪里配得上"木制"之名？

这让我不禁想到 Ayn Rand ⊜小说 *The Fountainhead*（源泉）中的主人公 Howard Roark 批判希腊帕台农（Parthenon）神殿的建筑设计很糟糕的情形："著名柱子上的著名凹槽——它们用意何在？那是为了隐藏木结构的连接处——当柱子还是木制的时候。只不过那些著名的柱子是大理石制的而已。希腊人用大理石进行建造时，复制了木制建筑的结构，只因为其他人也是如法炮制的。然后，文艺复兴时期的大师们又如法炮制，使用石膏时又沿用了那些沿用自木制法的大理石制法。到了现在，我们又在使用精钢水泥时沿用了那沿用自大理石制法的石膏制法。"⊜

⊖ Trevor Creed. September 20, 2001. Press release.
⊜ Ayn Rand，俄裔美国哲学家、小说家。她的哲学理论和小说开创了客观主义哲学运动。她的著名小说包括《The Fountainhead》（源泉）和《Atlas Shrugged》（阿特拉斯耸耸肩）等。——译者注
⊜ Ayn Rand. *The Fountainhead*. Signet, 50th Ann. edition, 1996, p. 24.

可持续设计（sustainable design）倡导者 William Mc-Donough 和 Michael Braungart 通过其著作 *Cradle to Cradle* 的图书实体表达了对材料的尊重，以及对设计中"真诚"原则的认同。该著作的书页都是塑料而非纸张制成的，采用的油墨很容易擦除，而且书页也很容易回收再利用，书页所采用的塑料可不经过"降级循环"（downcycling）<sup>⊖</sup>就能被再利用。McDonough 2005 年于华盛顿特区举办的 IDSA（Industrial Designers Society of America）年会上慷慨激昂地说道："为什么要用树木这么优雅的材料来制作纸张这么简单的东西呢？为什么要把能产生氧气、能巩固氮成分、滋养土壤、可供千百人栖息、可自我复制的树木砍下来，然后在上面写字呢？"<sup>⊜</sup>

## 探究专注

富有诗意的交互除了应该具有"真诚"要素以外，还应该能促使人进入一种专注（mindfulness）的状态。专注经常被视为进行冥想（meditation，也称"沉思"）所必需

---

⊖ "降级循环"是指将废料转化为品质较之前更差的材料以进行再利用。——译者注

⊜ McDonough 的引述摘自其在华盛顿特区的 IDSA 年会演讲。他在许多其他发言中也都表达了同样的观点。

的心理状态，不妨留意专注与注意力散漫（mindlessness）之间微妙的差异。佛教徒也会提及呼吸时的一种专注状态。我们可以将这种专注状态理解为能敏锐地感知当下情境<sup>⊖</sup>。这不是指心里寻思着什么人，不是指考虑着要完成的艰巨任务，也不是指在斟酌要形成的观点，而是指一种自身天然存在并意识到这种存在感的状态。这种对当下状态的专注被认为是诸如长跑运动员、艺术家之类的人士能成功运用的方法，还被 Ralph Waldo Emerson 和 Walt Whitman 等作家探讨过。

　　成功注入诗意的交互设计能促成这种专注状态。当然，这种事情说起来容易做起来难。要达到这种心理状态，人必须愿意并有意识地选择忽略许多日常生活中纷繁琐碎的问题和事物。一款产品又如何能够促使用户忽略其周遭事物和环境，并专注于当下呢？

　　不妨考察一下，当品读一首诗的时候，脑海中浮现的图景从何而来。印在纸上的文字颇为直白，并无玄机。除

---

　⊖　Jon Kabat-Zinn 在其著作 *Wherever You Go, There You Are* 中对"专注"的概念作了更富有诗意的描述："专注意味着以某种特定的方式集中注意力，是有意识的，是处在当下的，是非主观的。这种状态不仅孕育了更强的感知性、明晰性和对当下所处现实的接受能力，而且还让我们清醒地认识到我们的生活只能经由一个个当下时刻辗转展开。"Copyright © 1994 Jon Kabat-Zinn, reprinted by permission of Hyperion. All rights reserved.

了作者可能会采用矫揉造作的字体渲染之外，纸上的文字并无特殊的表现力。文字本身并不能引发栩栩如生的思绪，因为我们的大脑似乎更希望用视觉化的方式来思考。如此一来，即使要求我们满怀激情地在脑海里描绘"雨中的树"这样的情景，但是绝大部分人脑海里浮现的也不过就是一棵典型化的树——其形状也许与小孩子在被要求画棵树时画出来的差不多。这种在脑海里用详尽的细节来将事物视觉化的能力不是所有人都有的，缺乏这种能力使得许多人与艺术创作无缘。"我不会画画"一般指的是"我没办法画得那么逼真"，也许更恰当的说法是"我不会思考"（或者至少是"我无法细致入微地思考"）。

现在再来把"雨中的树"在脑海里的描绘与艾略特（T. S. Eliot）名诗 *The Wasteland*（荒原）中的一小段来做个比较吧：

| | |
|---|---|
| April is the cruellest month, breeding | 四月是最残酷的月份，养育着 |
| Lilacs out of the dead land, mixing | 死亡之地的紫丁香，混合着 |
| Memory and desire, stirring | 记忆和欲望，撩动着 |
| Dull roots with spring rain | 被春雨回生的坏根 |

艾略特运用了同样的基本文字和语法结构，却能成功地激发读者的情感反应。"雨中的树"这样的文本是有局限性且显而易见的，理解起来毫无障碍。实际上，我们无

法由此在脑海中描绘出生动逼真的图景，也许正是因为其文本不够复杂，也不够具体。而艾略特诗中对"紫丁香有坏死的根"和"这不仅是雨，而且是春雨"两个情况的叙述为读者营造了逼真的情境，让读者甚至在脑海中描绘出图景之前就感同身受了。要把四月这个概念在脑海中图像化是有难度的，更不用说把四月描绘成残酷的了。然而，艾略特这四行诗句却成功地唤起了一种饱经润饰的感受，使读者脑海里浮现出来的既不是树，也不是雨，而是一个完整的场景。

读者在脑海里描绘"雨中的树"时，很难为其注入更多细节特征；与之类似，在想象"打开车门""打开电视"或者"撰写电子邮件"的时候，也会缺乏细节特征的描绘。对于一天中发生的诸多交互，要回想其细枝末节是格外困难的，这一点格外令人震惊。不妨试想一下自己一天中开过多少扇门，按过多少个按钮，数目肯定不少，但是，要回想起开门或者按按钮的整个过程或当时某些特定的细节，则是异常困难的。在脑海中重现这些事情之所以如此困难，可能是因为这些事情是"自然而然"发生的（尽管用"自然而然"这个词还不够恰当，但也找不到更妥当的词了"）。在打开车门时，我们并不需要对车门或开车门的动作有意识地多加注意。这种时候，我们的注意力往往可能是放在了要去的目的地上或者车内其他乘客身上。大部分人只会回想起操作失败的细节。如果车门坏了、车钥匙找不到了，或者车门特别难打开，我们就会更容易、更具体地回想起来。

能引起共鸣的交互往往是有创意的，能让用户高度专注于要完成的任务。作家、心理学家 Mihaly Csikszentmi-halyi 一直致力于分析创意（creativity，也指创造力）的本质，并辨识出了称为"流"（flow）的状态，认为人处在这种状态的时候，能保持对当下时刻的鲜明感知，但会失去对周遭环境和事物的感知。按照 Csikszentmihalyi 的说法，在这种"流"状态下，人对自我和自我意识的感知都会消失，将全身心投入当下的活动中，以至于没有精力顾及对自我形象（self-image）和自我意识（ego）的维护[一]。

如此说来，我们也许不用尝试回想特定的交互，而应该尝试回想交互所关联的场景的动人之处。要理解诗中的只言片语，需要对这首诗从整体上

---

　⊖　Mihaly Csikszentmihalyi. *Creativity*：*Flow and the Psychology of Discovery and Invention*. HarperPerennial，1997，p. 112.

有所认识。同样，成功有效的交互要求用户从整体上关注交互所处的上下文情境，同时也要求用户对其微妙之处有极为细致的认识。

## 对细节的关注

要实现富有诗意、能引起共鸣的交互，除了具有真诚和专注要素以外，精确、明晰地对感知细节的关注是应具有的第三个要素。所谓的细节包含设计的所有元素，比如材料、形式、颜色、质地、布局等。而在实际开发工业产品的时候，这种对感知细节的关注经常消失在从概念到实现的转化过程中。对于这种重要品质的消失，可列举的主要原因有二：对其重要性的理解不足，以及成本考虑。从事产品开发的人常常并不理解、尊重或关心这种对感知细节的关注事宜。许多工程师和业务经理很难领会不同材料的优劣异同（因为这种优劣判断的主观性很强）。这并不是说工程师和业务经理什么细节都不关心。不可否认的是，要让产品达到 Six Sigma 级别的品质⊖，工程师必须关注细节，依靠细节来驱动产品的开发。然而，他们关注的只是逻辑和流程上的细节，而不是视觉效果或美感方面的

---

⊖ Six Sigma（六西格玛）是出自摩托罗拉公司的一种质量管理方法，该方法旨在量化并减少量产产品的瑕疵。

细节。许多工程师从未接受过关乎视效或美感细节的培训。计算机界面的设计者印证了软件开发人员对视觉风格置若罔闻的事实。对于许多开发人员来说，用户界面会给他们添麻烦，因为设计用户界面通常意味着在开发上做出巨大的妥协并将项目延期。你可以在卡内基－梅隆大学拿到计算机科学的学位，而不必研修任何用户界面开发的课程——现状如此并非偶然。可视化控制界面设计相关课程是选修课程。除此之外，成本问题也经常影响对感知细节的关注。在实体产品的开发过程中，设计师可能会指定独特的装饰部件或者要求进行高档的表面处理。这样的细节设定有助于实现产品在市场上的差异化，也有助于打造协调统一的使用体验，但同时也会增加产品开发成本。在商业文化中，做出财务决策的经理可能根本无法理解这些特殊且易变的装饰性设计。在诸如 Apple iPod、Motorola RAZR（摩托罗拉手机）和 Audi TT（奥迪汽车）等为人熟知的工业设计成功案例中，正是这些细节起到了关键作用。想一想，如果 iPod 采用了廉价塑料做外壳，或者 Audi TT 没有了标志性（且昂贵）的 art deco<sup>⊖</sup>风格仪表盘和定制的皮制内饰，会是什么样子。Apple 和 Audi 等公司在视

---

⊖ "art deco"是始于20世纪20年代,盛行于30年代的一种艺术装饰风格,详情可参见 http://en. wikipedia. org/wiki/Art_Deco。——译者注

觉美感方面保持着对细节关注的理解和尊重，经常将由此带来的成本转嫁到消费者身上，而消费者为了获得更高档的体验恰好也非常乐意支付更高的费用。要让用户与产品发生的交互富有诗意且引起用户的共鸣，这种交互必须满足以下三点：其一，交互要有代入感；其二，对于所要完成的任务而言，交互要足够复杂，以便促使用户进入一种专注的状态；其三，交互还应具有高度的可感知性。需要特别指出的是，交互时间不一定很长。如果用法式滤压壶倒咖啡，可能就会获得一种专注的交互体验，但交互只会持续几秒钟。完成特定任务（比如将热咖啡从咖啡壶转移到咖啡杯）所需的交互敏锐度、恰当的用材（不锈钢和玻璃），以及各种感官元素（比如浓咖啡的气味、手握咖啡壶时的热感，以及咖啡杯里冒出的腾腾热气），这三者联合创造了一次富有诗意的交互。

一些设计从业者对"设计富有诗意的交互"望而却步。本书的一位审稿人说得很直白："还有比这更值得我关注的问题呢，比如发布一款能正常工作而且不丑陋的产品。"然而，如果设计师只关注功能或可用性这种容易达成的事情，那么人类通过使用物品而获得的体验就注定会走向平庸。倘若一款企业软件提供了富有诗意或充满感情的体验（哪怕只是在转瞬即逝之间），那会是什么样的情景呢？这种想象看起来很理想化，但这样的交互体验能在

观点（argument）、话术和设计语言等基础上拓展设计作为
沟通方式。要考察经由设计而塑造出来的交互体验，我们
就需要一个借以考察的框架，而能提供这种框架的，笼统
地说是语言，确切地说是诗歌。结构良好的交互能实现感
知上丰富、情感上投入，并且激动人心的人类体验。

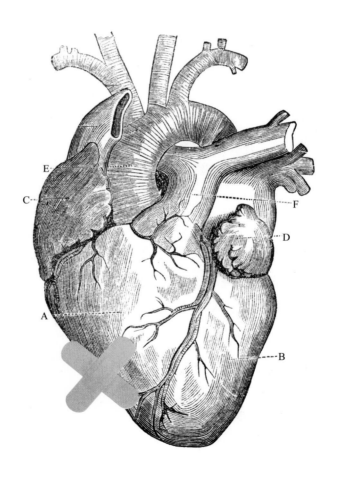

## 可用性和影响力

"规范"（norm）是指一种公认的行为模式，这种行为模式为人所习得，帮助人在特定文化或群体中判定何种行为是妥当和正常的。规范常常表现为不成文的、不言而喻的规则，是了解应该如何行事的指导原则。例如，一个群体可以做出决定（只是宽泛的"决定"，因为这类决定经常需要经过一段时期才让人们逐渐达成共识，群体也不会有意识地进行专门的研讨），允许在火车、公交等封闭空间里大声讲电话。于是，这种共识就变成了文化规范，那些不遵从或不认同此规范的人会因为提出异议和持反对意见而成为群体中的少数派。

规范经由社会级别的交互而传播开，传播方式包括对话、肢体语言及其他形式的群体互动。规范也越来越多地经由人们使用的

高科技设备传播和推广，导致文化基因（meme）<sup>○</sup>的大规模传播。文化基因是标志性规范的一种表现形式，旨在诠释文化沟通和传播。

　　大部分文化评论家都认为，规范和文化基因都是以有机的方式自然而然出现并传播的。而交互设计作为"对行为的设计"，则能对描述文化变迁的规范性框架（normative frame）产生影响——交互设计能促进它，能转变和塑造它，甚至能控制它。作为例子，不妨考察一下 1985 年至 2005 年这二十年间人们对可用性的逐渐认可。关注可用性的设计师会努力减少设计在认知上的不协调，强调速度和完成任务所需的时间，旨在把用户使用复杂系统时可能犯下的错误的数目减到最小。这种观念发源于推崇复杂性、强调功能特性、忽视一致性与可理解性的软件开发文化。这种文化观念上的转变至少衍生出了两种文化规范。其一，对"可用性鼓励和支持技术探索的行为"这一观念的文化认同。人们认识到，技术并不脆弱，用户在计算系统中进行一定程度上的任意探索并不会导致灾难性的错误。其二，对"可用性逐渐转变了'科技是只有少数工程师才能掌控的特殊东西'的观点"的文化认同。随着普通

---

　　○　"文化基因"指的是在特定文化中，人与人之间传播的观念、行为和风格，详解参见 http://en.wikipedia.org/wiki/Meme。——译者注

人对使用计算机甚至编写软件的广泛接受和认可,人们对传统的"极客"(geek)和"技术狂"(nerd)的刻板印象开始瓦解。

但是,许多设计师把对可用性的关注看成了设计在哲学高度的方法论方面的全部建树,可用性被当作设计师能针对设计问题提供的唯一价值。然而,设计不止在于可用性,设计师能提供的价值也不止在于让人工制品更易用。鉴于设计师在文化中所扮演的关键角色,从许多方面来看,设计师能针对设计问题提供更为深远的判断和批评,而在某些特定的情况下,这种判断和批评还是必须做的。正是这种判断和批评转变了设计师的角色,把设计师从个别设计实践的客观参与者转变成了创造意义的关键性中枢力量。

让我们来考察一个例子,看看一位手机界面设计师如何通过对交互细节的设计就能强行推动一种文化评判。假设这位设计师在设计手机里的电话簿应用,而且已经确定了特定的设计主旨,认为此款手机的宗旨之一是使其成为能充分发挥新兴沟通方式之优势的社交渠道,同时生产手机的公司(即设计公司的客户)也希望充分利用社会化交互(social interaction)设计和诸多社会化网络服务的能力来实现此产品宗旨。设计师正在进行的也是颇为务实的常规设计活动,即创建和组织屏幕样例(线框图),以便展示用户如何与电话簿应用进行交互，比如用户从电话簿列表中选择一位朋友或家人之后，用户应该对其施加的主要动作是什么。

要就此实现可用的设计，设计师应基于既有的手机使用经验来考察用户会抱有何种预期，并由此将用户的预期与特定使用情境相关的数据结合起来，得出设计方案。设计方案之一可能就是将"呼叫"作为对用户来说最重要的动作，并由此强调呼叫按钮。诚然，这是大部分手机在用户选择了联系人之后提供的动作。有些手机甚至更进一步，积极地预期用户会选择进行呼叫，因此会被设计成选择联系人后直接进行呼叫，连提供呼叫动作的菜单、按钮都省略了。

而在本例中，我们这位设计师则回想起了手机的核心宗旨——让手机成为能充分发挥新兴沟通方式之优势的社交渠道。于是，设计师就将这种宗旨诠释为对基于新媒体的活动和动作——比如发送短信息或者通过 Facebook 进行联系——的强调。如此一来，"设计电话簿的主要动作"这一本来略显乏味的设计活动就变得复杂起来，要求设计师做出更多令人关注的决策。倘若选择联系人之后，首要和默认的动作（对应摆放在列表顶部的最大的那个按钮）是"在微博中提及此人"，那会导致何种结果呢？我们不妨暂时抛开呼叫联系人的常规需求，考察一下设计师本人的判断在这个设计决策中扮演了何种角色。

　　在上面这个假设中，设计师将其个人的设计哲学与客户（即生产手机的公司）的"针对社会化交互进行设计"的诉求结合了起来，向可用性的传统和规范发起了正面挑战，甚至还对常识的倾向性也发起了挑战。如果设计师通过设计有意识地让用户进行音频电话呼叫变得困难，会导致何种后果？如果在手机中完全去掉电话呼叫功能，又会导致何种后果（没有电话呼叫功能的手机还能被称为手机吗）？这些设计又会如何影响用户使用手机的方法，进而以何种方式改变现代生活的本质呢？

　　设计师一旦做出上述设计决策，就强调了微博（一种能实现一对多沟通的公开沟通形式），而弱化了电话呼叫（一种能实现一对一沟通的私密沟通形式）。假设这样的手机真的被生产出来，销售出去两百万台，那么，原本每天会拨打千百万次电话的用户们现在就被引导着使用微博进行公开的沟通了。这就是说，单单对一款手机某一个屏幕上的某一个设计做出的一个设计决策，就大规模地影响了整体文化，颠覆了已建立起来的关于手机的规范，让手机变成了一种公共的、集体式的社交设备。

　　如此一来，设计师让电话呼叫变得更难操作，出于对公开沟通的优先考虑而牺牲了电话呼叫操作的可用性。有些人可能不喜欢这样的改变，继续坚持使用电话呼叫功能，并且对手机糟糕的可用性怨声载道；而另一些人则会接受这样的改变，慢慢地改变了自己的行为，变得不那么频繁地使用电话呼叫功能，转而更多地使用微博来实现沟通。这种行为改变由设计推动，这种设计的实体产品被大规模生产供千百万人使用，进而使这种行为改变席卷"人造世界"（human-built world），导致惊人的后果。

## 判断、框架和伦理道德

究其作用，设计是我们这个世界的一种文化背景的映衬。设计师做出的微妙决策单独看起来并不出众，然而一旦被大规模地散布到社会中，每个决策的影响范围就会被放大。这些设计决策还具有延迟效应，因为从设计工作室做出决策到这些决策透过实体产品抵达市场，所需时间数以月计甚至数以年计。如此一来，也就很难把某种文化变迁对应到特定的设计决策上来。

**范围放大**。经由实体产品的大规模生产，在设计工作室里做出的设计决策细节被大批量扩散至全世界，进而影响到千百万人。大规模生产的全部价值就在于两点：其一是严格复制的生产能力，能量产出一模一样的复制品；其二是通过规模化的经济杠杆来不断降低生产成本的能力。由此，设计师的创造性成果被大量复制，并在文化中予以推广，进而使得设计师注入设计中的"声音"被千百万倍地放大。区区一个设计就能影响到千百万人。

**以无形的方式产生作用。**消费者有选择的权利，所有人都是相对自主的。然而，行为的改变是以微妙而不易察觉的方式发生的，大部分人很少有时间有意识地考察一款复杂产品如何影响自己的生活。对于设计决策以无形的方式产生作用，有个经常被拿出来讨论的例子，即诸如 Facebook 这样的社交网络中的隐私设置如何产生长期和无法预期的后果。例如，一项由微软公司赞助、对美国人力资源从业人员进行的调查显示，在拒绝求职者的诸多因素中，关乎其"在线形象"的主要因素包括：不雅照片或视频、对求职者生活方式的顾虑，以及求职者在社交网络上发布的不当言论等[⊖]。如此一来，设计师可以通过设计来鼓励用户采取特定行动——这些行动能对用户的生活产生深远

---

⊖ Mathew Ingram. "Yes, Virginia, HR Execs Check Your Facebook Page." *GigaOM*, January 27, 2010. < http://gigaom. com/2010/01/27/yes-virginia-hr-execs-check-your-facebook-page/ >

的影响，而用户可能并没有完全意识到这一点。

**延迟**。设计师在创造新产品时会做出各种设计决策，而对于大部分产品来说，这些设计决策的扩散会被延迟，因为产品还需经过各种流程（包括质量保证、部署、生产和发行等）才会最终面市。这对于实体产品和数字产品而言都适用，从设计完成到最终面市，所需时间可长达一年甚至更长。这意味着，等到产品最终面市的时候，对其设计产生过影响的思想范式和哲学范式可能都已经改变了，社会、政治和经济形势几乎肯定也有所改变。尽管如此，当初的设计决策连同其可能产生的行为影响也还是透过产品，被如期地传遍世界。

**分散化**。有成千上万的事物会影响人的行为，产品只是其中之一。一款产品会与社会规范、遗传因素和诸多外部因素共同塑造了人的作为、行为和决策方式。要证明一个人在现实生活中的所作所为与产品创造过程中所做的设计决策之间存在某种特定关系，几乎是不可能的，然而我们又非常肯定两者之间一定有关联。因此，设计师的"声音"就被消减、分散和弱化了。在塑造和改变人们与产品、系统和服务的交互方式方面，设计师的角色更像是引路人而非独裁式的极权力量。

于是，结合设计问题的上下文以及更大的设计方法学的上下文来为设计中的伦理道德的判断提供思考的框架，

就显得很有必要了。这样的框架能通过人类责任的客观性
来平衡文化的主观性，并提供借以做重大决策的手段。

## 拒斥可用性

与可用性相关联的事情通常包括缩短完成特定任务的
时间（同时提高效率）、缩短学习使用新界面的时间，或
者减少用户犯错误的次数等。可用性工程通常以减少认知
负荷（cognitive load）为目标，崇尚创建"不用动脑筋"
的界面，以便让用户无须考虑太多就可以进行操作。被用
来描述计算机的"用户友好"（user friendly）就是个广泛
使用的概念。然而，即使是最具人性、最优美的诗歌，也
几乎从来不会被大家认为是"用户友好"的。

这并不是说可用性不重要。如果一件制品让人无法理
解，那么当然也就无法促使用户达到专注的状态，也不会
激发创造性。然而，为了让用户实现专注状态，也必须让
制品具备一定的（使用上的）挑战性，从而让用户在完成
一项有难度的任务之后产生成就感。设计师要针对这种
"难度"找到创造性的解决方案并非易事，可看作设计过
程中最具吸引力的挑战之一。平衡可用性与挑战性是项艰
巨的工作，既需要经验，也需要直觉。艺术的诗情画意与
对可用性的根本需求发生了碰撞，未来的设计师需要有意
识地进行斟酌，定夺孰轻孰重。

生活中不止可用性。几乎不会有谁会把婚姻或友谊描述为"可用的"，实际上，卑劣和不友好的沟通方式甚至都比我

们公认的"高效"或"简易"的沟通方式显得丰富得多。这并不是说界面就应该"厚颜无耻"，而是说，因为可用性本身是颇为乏味的，所以界面的设计必须超越可用性的底线，做到更好。

俄国著名的几何抽象绘画艺术家马列维奇（Kasimir Malevich）⊖在白色画布上绘制白色方块⊜之前也学习过运用后印象派技法进行绘画。他是在理解了如何将现实物体进行可视化表达之后，才确立"将艺术从物体赋予的负担中解放出来"的终极目标。毕加索（Pablo Picasso）也是在精通了必要的绘画技法之后，才确立了其立体派的抽象表达方式。与其他诸多艺术家一样，这些艺术先锋掌握基本的学识正是为了拒斥它，从而实现创新。同样，我们必须先理解可用性，然后才能探讨以何种方式来拒斥其个中原则。如果只是很肤浅地认同这种"对可用性的拒斥"，然后盲目地拒斥

---

⊖ 俄国著名画家和艺术理论家，被认为是几何抽象艺术的先锋，详情请参考 http://en.wikipedia.org/wiki/Kasimir_Malevich。——译者注

⊜ 指的是马列维奇 1918 年的至上主义名作"White on White"。——译者注

所有关乎效率的原则，那么就大错特错了——拒斥可用性的目的并不是拒斥效率。要正确无误地创建复杂的交互设计方案，就需要把可用性原则和真正"以用户为中心"的设计过程的其他因素放到一起，进行综合考虑。

## Discursive Design ⊖

已然明显的事实是，消费文化的畸形发展导致了意想不到的社会后果和经济后果，向我们提出了新的挑战。由此，针对设计活动本身的文化批评也发展壮大起来，其目的是激发人们对我们创造的这个后工业时代的思考。这种文化批评的表现形式既包括了文字描述，也包括了一种新的形式，即"discursive design"，而且这种文化批评也不仅仅停留在评论的层面上。正如艺术家会对艺术批评做出回应，设计师也会对设计批评做出回应，这就会形成关乎人类行为和技术的对话（即讨论），为设计判断的建立提供衡量标准。

Stephanie Tharp 和 Bruce Tharp 这样定义"discursive design"："一种产品设计方式，其要义是将人工制品看作言之有物的观念的传送器，而不只是功用的载体。"⊖诚然，从

---

⊖ "discursive design"作为专业术语目前并无统一中文译法，故在此保留原文，以方便交流。——译者注

⊖ Stephanie Tharp, and Bruce Tharp. *Discursive Design*. < http://www. discursivedesign. com >

某种程度上来说，所有产品都可以看作观念的传送器，因此，更加妥帖的说法也许是："一种旨在激发公共对话的设计方式。"这样的宗旨与实现功能、产生利润和提升美感等典型的设计目标截然不同，它将设计视为在文化层面上非常

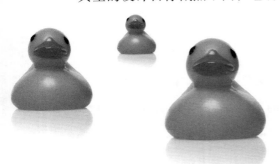

重要且极具影响力的活动。discursive design 把产品的目的从实用性转到了"激发对话"上面，这看似简单的想法实际描绘了一种新的视角：从整个世界的大局出发，考察产品如何作为我们的有力支柱，在不同的时刻扮演不同的角色，为人类行为提供支持。这也转变了设计师的角色，设计师从之前的形式塑造者、问题解决者，甚至是人民公仆的角色，转变成了煽风点火者——那种促使别人质疑、询问原因、进行反思的人。

作为 discursive design 的支持者，设计网站 Core77 的主编 Allan Chochinov 认为，discursive design 能让设计师对自身的专业和工作进行反思。他描述道："许多人工制品都是必要且诱人的，但我们需要将其放到更大的上下文中来考察，它们往往是更大的整体的一部分。在体验中，有许多产品扮演了支持者的角色，起到支柱作用；另一些产品是借以完成工作或任务的工具；还有一些产品成了图腾或深受用户爱恋的东西。有些产品只是单纯的外形美观，有些产品则令

人垂涎欲滴，还有些产品是一次性的，用完即可丢弃。然而，几乎在所有这些角色中，产品都只被当作某个角色来看待。现今，大规模生产、劳动力、燃料、能源，以及在世界各地运输货物所带来的污染等诸多问题引起了我们的重视，因此在进行产品生产的时候，就得确保不是在盲目生产，而是已经考虑过人工制品的角色问题，而且也考虑过能否以更具持续性、更具区域性（即本地化，以减少运输）、更有尊重感，以及更人性化的方式来实现这些角色。"<sup></sup>discursive design 这种积极主动进行思考的本质能让我们了解事情可以或可能是什么样的，也能让我们了解事情绝对不应该是什么样的。当设计师以这样的方式创建设计方案时，就主动地把用户的角色从消费者转变为了思考者。

SMSlingShot 就是 discursive design 的一个例子。该项目在公共场所设立了装置，用户可以使用"电子弹弓"向大楼的墙面"弹射"数字涂鸦。项目的设计师解释道："鉴于因商业考虑而使数字广告屏幕侵占了越来越多的公共空间，以人们喜闻乐见的方式为大家提供用于干涉这种侵占行为的设备显然是必要的……大家不应该甘作被动的观众，必须获得自主的权益，拥有恰当的工具，可以自己在

---

⊖　To Design or Not to Design：A Conversation with Allan Chochinov，by Steven Heller，February 17，2009，AIGA.

街上创作多媒体内容。"⊖

　　持续采用 discursive design 的组织 Adbusters 是另一个例子，该组织经常将体现"反消费主义"主张的伪广告通过这种设计形式公之于众，用以激发人们对广告激进主义（advertising-activism）文化的讨论。其把参与其中的人称为"文化干扰者"，并且把整个参与过程定义为"通过艺术化的讽刺来颠覆大众媒体及其传播的信息，并由此批评大众媒体及其对文化的影响。"⊜

　　如果从规范、文化基因和 discursive design 的角度来考察，设计师在塑造文化方面起到的协助作用就很明显了。那么，在万事大吉的时候，把成功归功于设计师，而在出问题的时候，将之归咎于设计师，这是否公平呢？当然，设计师可以推卸责任，把事情怪罪到媒体或者父母头上，毕竟整体文化一定是由诸多外部力量来塑造的。但是，如果我们仔细考察文化的创造，并审慎地思考社会的塑造，那么就会发现设计师在引领未来方面扮演了至关重要的角色。人会受价格、实用性、功能、样式等因素的刺激而购买产品。而这些因素作为整体代表着一个人的价值体系，内化于人自身。消费者往往通过购买的产品来体现自己在世界中

---

⊖　VR/Urban，SMSSlingShot. < http：//www. vrurban. org/smslingshot. html >

⊜　Ayse Binay. *Investigating the Anti-Consumerism Movement in North America*： *The Case of Adbusters.* 2005. 此论文未发表过。

扮演的角色和所处的地位，以此展现个人独有的特点，通过
对品牌和产品的选择来塑造自己的身份和形象。而消费者作
为一个整体概念，就是文化的一部分。如前所述，产品的设
计师也是文化的设计师。倘若把通过设计在文化共鸣上取得
的成功作为自己的功劳，那么承担如此关键角色的我们也必
须承受指责，并承担起角色赋予的责任。

## 我们对"设计什么"的选择

One Laptop Per Child 项目的创始人 Nicholas Negroponte
对科技文化抱有乐观态度，他在其著作 *Being Digital* 的结
语中这样写道："比特（bit）不能吃，不能拿来填肚子充
饥。计算机也没有道德观念，无法用来解决诸如生死权利
之类的复杂问题。尽管如此，走向数字化还是给了我们很
多借以保持乐观的理由。数字时代就像大自然的力量一
样，我们既无法拒斥，也无法阻止。数字时代具备四个能
为人类带来巨大福祉的品质：分散化（decentralizing，去
中心化）、全球化（globalizing）、和谐化（harmonizing），
以及力量赋予（empowering）。" ⊖ 这种将科技看作积极力
量的观点是振奋人心的，甚至也许是准确的。然而，此观
点仍然把数字化当成关于未来的讨论的核心议题，而没

---

　　⊖　Nicholas Negroponte. Being Digital. Vintage，1996.

SMSlingShot 项目是 discursive design 的一个例子，旨在打破常规，引人思考

有将人作为探索连接性（connectivity）的重点。事实上，"数字时代"能带来力量，也只有在将力量赋予人才说得通，而所谓的力量赋予其实还没有实现。在复杂产品开发中进行的"对话"仍然局限于对可用性的讨论，就好像"易学易用"能赋予人力量似的，其实不然。互联网并没有缓解关乎宗教和政治的全球紧张局势，反而可能使审查制度变本加厉，并提供了散布仇恨言论的新途径。手机并没有因为具有同理心而对我们的文化有所助益，反而可以肯定的是导致了更多的交通事故。正如 Negroponte 所说，互联网显然也没有解决饥饿的问题。科技能为人类做什么？如何理解其潜力和愿景？只有从另一个微妙而明确的角度——人类想要设计做什么——来思考，我们才能得出答案。人类可能想要甚至需要设计来处理那些困扰着文化和经济的复杂而艰难的问题。

John Maeda 是一位在设计与数字化之间建立联系的先锋，他在 MIT Media Lab 创立了 Simplicity Consortium，其愿景宣言本身就透露出对设计的一种富有诗意的看法：

"MIT Media Lab 于 2004 年 1 月启动了一项重点关注 Simplicity（简单性）原则的重要研究项目。该项目的宗旨远远超过了减少按钮、净化屏幕空间，以及给界面瘦身以适应掌上设备等事宜，而是针对现今科技复杂性带来的威胁和信息过剩导致的绝望等问题，重新检视克服它们的方式和方法。项目的精髓在于创造一个"少即是多"的未来。尽管总会有一部分人热衷于科技，对研究电子设备的复杂性和功能性乐此不疲，但是我们大部分人渴望 DVD 播放器的操作直观易懂，渴望在线报纸能以易读的形式快捷地提供我们想看的内容，渴望手机的使用指南不要超过 100 页。我们都梦想着拥有能给我们带来欢乐而不是欠缺感的设备。"⊖

然而，要在科技中探寻简单性，就需要深入理解人类的欲求和需求，彻底抛弃"科技为了进步而进步"的目的论观点。*Interface Culture* 的作者 Steven Johnson 对科技普及过程缺乏真挚、深厚之情感品质的问题进行了探讨："我们每天都被不断地提醒着，数字革命会改变一切，但是当我们深入探索究竟是什么会改变的时候，只能找到诸如'从海滩发传真'之类乏味的空想。"⊖要想真正揭示和发掘数字化交互的潜力，必须承认人类交互的丰富性，充分运用技术实现的多种表达方式。

## 运用设计转变不良行为

所谓的"信息革命"正在致使文化发生许多重大转

---

⊖　MIT's Simplicity Consortium，http：//spectrum. mit. edu/articles/normal/less-is-more/

⊜　Steven Johnson. Interface Culture. Basic Books，1999.

变，其中之一就是我们的日常活动正在变得越来越依赖于科技。许多人把 Google 等搜索引擎当作自身的延伸。这种为完成简单任务而对信息库形成的依赖既带来了巨大的可能性，也暴露出了"个体智慧萎缩退化"的困扰。这种依赖性是逐渐形成的，现在已经以颇为直接和潜移默化的方式影响着我们。你记得你妻子或丈夫的手机号码吗？你孩子的手机号码呢？我们大部分人都会把这些号码录入手机，然后很快忘掉它们，只因我们知道自己按个键就能得到它们。对于网上或邮件里提到的事件、事实和数字等，情况可能也类似。我们由此解放了心智，可以去考虑更多其他事情，但从长远看来，我们可能也走上了一条灾难性的道路：这种依赖性遍及我们生活的全部核心，一旦我们依赖的手机、互联网和计算机等出现问题，灾难也就会随之发生。

设想度过一天没有数字科技的生活。我们能否在不使用数字科技的前提下，仍然完成一天生活的主要目标呢？实际上，从起床到出门上班，你整天的工作可能都是围绕着数字科技展开的，这种依赖性既体现在技术的能力上，也体现在我们通过技术获取信息的便利性上。虽然"知识就是力量"的说法或许已经略显肤浅和过时了，但是其思想精髓仍是真确的：获取"能催生知识的数据"的能力是强大的。我们定事项、拍照片、付账单、学习和生活，所有这些事情使得文化在其中的交织依赖于以人为中心的信息传播。

不妨做个练习，把自己与一位 1990 年出生在美国大城市周边某中产阶级家庭的孩子的成长经历做个比较。到 2005 年，这个孩子已经 15 岁了，手机、任天堂游戏机、数字音乐和即时消息伴随着他的成长。他无法想象没有互联网的生活，他的绝大部分玩具（即使是最常见的）很可能都内嵌了数字组件。在他形成性格的成长期，有线电视有上百个频道，家里有多台计算机设备，他轻而易举就能通过 Google 获取海量信息。他这一代人时时刻刻都通过科技手段相互紧密联系着，称他们为"计算机达人"恐怕都有过之而无不及。这种伴随着数字化的成长经历对生活的方方面面都产生了冲击，剧烈改变了高中毕业后一个人应该具备的技能和文化认知。这些互联着的青少年能够凭直觉理解复杂软件界面，对数字设备的故障毫无惧色。他们了解计算设备的局限性，几乎天生就有接受和理解新科技的能力。他们接触科技的方式与上一代人的截然不同。在科技出问题的情况下，他们似乎并不会归咎于自身，也不会遇到太多我们认为与高科技如影随形的认知阻力和障碍。

当然，掌握这种对科技的领悟能力是有代价的。有个一直在持续的争论就是，它是以牺牲诸如阅读和写作等更传统的学术技能为代价的。如今，刚进大学的学生普遍都不太会撰写分析性强的论文，也不太擅长在多样化的和看似无关的离散想法之间探寻关联性。由 *Public Agenda* 和 *Education Week* 合作的 Reality Check 研究项目在其第五次年度研究结果中有这样的描述："全国绝大多数用人单位和高等院校都认为，从公立高中毕业的学生的写作能力、语法和基本数学知识都很薄弱，因此他们基本不把是否高中毕业作为依据来判定学生对基本知识和技能的掌握程度。"[一]美国的全国教育进展评估（National Assessment of Educational Progress，NAEP）也报告了同样严厉的情况：全美有超过3300 万（即超过三分之二）的中小学生的阅读水平至少比预期的适应水平低了两个级别。美国文凭项目（American Diploma Project，ADP）也发现"……大部分州要求学生必须参加的高中毕业考试都太过简单……大部分试卷都只有 8 年级或 9 年级[二]的难度。"[三]

交互设计师必须尝试在所有层面和级别上通过科技产

---

[一] "What Happened to the Three R's？." *Public Agenda*. March 5, 2002. < http://www. publicagenda. org/press/press_release_detail. cfm? list =43 >

[二] 在美国教育体系中，初中为 6 至 8 年级，适龄 11 至 14 岁；高中为 9 至 12 年级，适龄 14 至 18 岁。具体可参见 http://en. wikipedia. org/wiki/Education_in_the_United_States。——译者注

[三] Jay Campbell, et al. "Trends in Academic Progress." National Center for Education Statistics. Washington, DC. August 2000. < http://nces. ed. gov/naep/pdf/main1999/2000469. pdf >

品实现对人性的倡导，这包括对数字化的、高报废率的文化表达自己的观点。这个明确而突出的观点通过设计所要求的各种各样的技能组合来对人进行教化，同时也牺牲了数字化之前的其他原始技能。我们是否在不经意间塑造了一代人，让他们变成了注意力集中时间短暂、不善读写、不善言辞、不会思考的计算机达人呢？如果真是这样，那么这是否就一定是不好的事情呢？

到 2003 年，美国已经有了 159 百万部手机<sup>○</sup>，大部分人都有一部手机，还有不少人有两部或更多。人们身上带着的东西，包括数码相机（2003 年美国售出了 5000 万台<sup>○</sup>）、数字音乐播放器（2004 年美国售出了超过 200 万台 iPod<sup>○</sup>）、电子游戏机（Sony 公司在 Sony PSP 游戏机面市两天之内就售出了超过 50 万台<sup>○</sup>），甚至还包括电子钥匙。

---

○ Mike Bergman. United States Census Bureau. "U. S. Cell Phone Use Up More Than 300 Percent, Statistical Abstract Reports. " December 9, 2004. < http://www. census. gov/Press-Release/www/releases/archives/miscellaneous/003136. html >

○ "50 Million Digital Cameras Sold in 2003. " *Digital Photography Review.* January 26, 2004. < http://www. dpreview. com/news/0401/04012601pmaresearch2003sales. asp >

○ Brad Gibson. "Apple Posts Profit of $106 Million, 2 Million iPods Sold. " *The Mac Observer.* October 13, 2004. < http://www. macobserver. com/stockwatch/2004/10/13. 1. shtml >

○ "Sony Sells over 500,000 PSP Units in First Two Days. " *Mac Daily News.* April 7, 2005. < http://macdailynews. com/index. php/weblog/comments/5417/ >

所有这些，再算上笔记本计算机、寻呼机和偶尔也玩的
Tomogotchi 电子宠物，大部分美国人每天都会与包含了交
互设计的便携设备打交道。为了克服这种对科技的盲目依
赖，Neil Postman 提出了一个针对教育的有趣提议："我提
议，每所学校——从小学一直到大学——除了要增加科学
哲学课程之外，还要增加语义学课程，人们可以在学习过
程中为事物赋予意义。"⊖该提议的有趣之处在于两点：其
一，该提议出现在了 Neil Postman 本人的反科技著作 *Tech-
nopoly* 中；其二，该提议揭示了他为语言和科技所创建的
特殊关系。设想一下，如果学校不但教授学生工作生活所
需的知识和技能，还教导学生去理解、尊重和思索事物的
本质，那会是何种景象。

　　诚然，只把诸事归咎于科技也是不负责任的。在探讨
文化这么复杂的议题时，各因素很难与其他诸因素完全独
立开。科技不能作为设计师进行创造的驱动力量。身为交
互设计师，如果我们只以科技本身作为首要的设计动机，
那么就变成了工程师，说的是逻辑语言，注重效率胜过注
重情感。另外，科技本身也确实常常就是我们的创造成
果。计算机界面不过是比特和字节，而界面就代表着产

---

⊖　Neil Postman. *Technopoly*：*The Surrender of Culture to Technology*. Vintage，
　　Reprint edition. 1993.

品，媒介就是所要传达的讯息○，上帝显然是疯狂的○。

设计师能做的最重大却也经常是最不深思熟虑的决定，就是选择设计什么样的东西。在设计咨询公司里，这种决定权往往被放弃了，因为大部分设计公司只能按照客户的要求来做。而在大部分企业里，这种决定是企业所涉领域内定的：无论是手机、视频游戏、消费类电子设备，还是医药，设计师只能选择一家从事特定业务的公司，然后按照公司业务的惯常规矩，以可预期的方式开展设计工作。上述两种职业路线都使得选择设计的主题这种决定是不言自明、微妙且经常被忽略的。而这个决定常常限制了设计师所能催生的文化改变的类型和行为改变的形式。无论是为支持可用性而进行的设计，还是如前所述为注入诗意而进行的设计，都是有标准可循的。同样，选择设计主题也应该有可遵循的标准和深思熟虑的判断依据。随着设计师的角色变得越来越有影响力，越来越重要的另一个问

---

○　原文为"the medium is the message"，引述自加拿大知名教育家、哲学家 Marshall McLuhan 的著名论断，意思是说，媒介的形式本身是内化于所要表达的讯息（message）中的，媒介与讯息两者形成了共生关系，媒介影响着讯息的表达，进而影响着人们对所表达讯息的认识。详情可参见 http://en.wikipedia.org/wiki/The_medium_is_the_message。——译者注

○　原文为"the gods certainly are crazy"，借鉴了电影 The Gods Must Be Crazy（上帝也疯狂）的标题。详情参见 http://en.wikipedia.org/wiki/The_Gods_Must_Be_Crazy。——译者注

题是，设计师必须对设计工作持有自己的观点和视角，必须从根基上支持设计判断，不仅要在细节设计决策上提供支持，而且还要在设计主题和设计活动两方面的决策上提供支持。简而言之，设计师的时间是有限的，而且并非所有设计问题都同等重要，也并不是所有设计问题都值得去解决。设计已经发展到了新的阶段，要求设计师必须做出设计判断，必须承认设计灯具或椅子并非天下大事，必须质疑设计更多消费类电子设备和小器具、小装置的需求。这种形式的探讨和反省所导致的结果，对于设计师个人来说经常是负面的：对于参与设计下一代伟大手机的设计师而言，即使本人从根本上拒斥其工作所助长的这种消费文化，但是辞去工作这种事情也还是说起来容易做起来难。这些设计师会在设计社会系统和服务，以及解决人道主义问题的过程中找到新的工作和新的生计。正是这样的主题，这样的诡异问题（wicked problem）<sup>⊖</sup>，才能让设计这门学科发挥自身的价值。

⊖ 诡异问题正是本书第七章的主题。——译者注

第七章

## 诡异问题

## 理解诡异问题

"诡异问题"[一]指的是大型的社会问题或文化问题，由于不够完整、自相矛盾，且需求不断变化，这类问题很难解决。这些动态的系统性问题被笼统地归类为"贫穷"或者"教育"问题——这些字眼涵盖的范围太过宽泛，根本无法借以辨识具体问题的微妙特征。例如，需要经济支援的人面临的问题可能是交不起房租、无法养家糊口、保不住工作、找不到工作等一系列问题，这一系列问题导致了一种被统称为"贫穷"的穷困状况。

诚然，并非所有问题都是诡异问题。一个问题可以非常难解决，但只有在其范围和规模具有不确定性的情况下，才称得上是诡异问题。因此，我们也可以认为，并非所有设计问题都是诡异问

---

[一] 原文为"wicked problem"，是一个源自社会规划（social planning）领域的专业术语，详见后文描述，也可参见 http://en. wikipedia. org/wiki/Wicked _ problem。——译者注

题——椅子、杯子或网站的设计与医疗系统或教育系统的设计存在着本质区别。

社会问题的本质决定了其大部分都是诡异问题。在推进对诡异问题和设计思维（design thinking）的探讨方面，Richard Buchanan 是个关键性人物，他的主要贡献体现在其 1992 年撰写的文章 "Wicked Problems in Design Thinking"（设计思维中的诡异问题）中。Buchanan 在文中描述道："之所以设计问题具有不确定性和诡异性，是因为设计本身没有主旨（即主题性），其主旨任由设计师定夺。由于设计思维可被应用到人类体验的任何领域，因此设计的主旨在范围上几乎是无限宽泛的。"⊖

提出解决这些诡异社会问题的人通常是政策制定者，他们可能会行动起来，为教育改革或就业改革运动的开展创造条件、搭建平台，并通过政府行为进行操控。然而，新政策往往治标不治本，只处理了诡异问题的表象，没有抓住诡异问题的根源。例如，新政策可能被落实为资助建立针对无家可归人员的收容所，但是这些无家可归人员其实还需要一系列的政策规划来帮助他们重新融入社会。这种大规模问题所导致的不良状况可以通过知性的设计来缓解。这

---

⊖　Richard Buchanan. "Wicked Problems in Design Thinking." *Design Issues*, Volume 8, Number 2, Spring 1992, p. 16.

种知性的设计强调的是同理心、回溯推理（abductive reasoning，即从结果往回进行反向推导）和快速原型制作，设计的产出是一套确切的方案，用来描述能针对问题实现变革的一系列服务、交互体验、产品和政策。

---

### 诡异之源

研究诡异问题的先驱之一 Horst Rittel 列举了这类诡异社会问题的十个特征：

1. 诡异问题没有确切的形制和规格（formulation）。

2. 诡异问题没有可行的规则或基准用以判定问题是否已解决。

3. 诡异问题的解决方案没有正误之分，其效果只能用"好一些"或者"不太坏"来界定。

4. 诡异问题的解决方案包含无限可能，没办法一一罗列出所有可行的实施步骤。

5. 诡异问题可以通过各种方式从各种角度来解读，没有统一的解释。对其的理解是否妥当很大程度上取决于设计师个人的视角。

6. 每个诡异问题一定是另一个诡异问题的表征、症状。

7. 诡异问题的解决方案无法以确切的、科学的方式进行检测。

8. 解决诡异问题的尝试往往都是一次性的，因为每个重大的尝试都会改变设计空间（design space，即设计的问题空间），使得试错法几乎无法奏效。

9. 每个诡异问题都是独特的。

10. 试图解决诡异问题的设计师必须对自己的作为负起全部责任。

本书作者在解决诡异问题时会佩戴护目镜以确保安全

对于就诡异问题开展生成式、探索式研究，有个相关的领域可能可以为其提供实质性的参考和借鉴，这个领域就是"服务设计"⊖。在服务设计领域，产品就是服务，而服务几乎总是由无形的要素和组件构成，而且必然与时间非常相关。传统的服务项目一般能帮人更好地施展自身的能力，比如除草服务就是人在用时间（大概还包括这个人的能力和技能）换取金钱报酬。Netflix 是个更能体现时间相关性的例子，该公司通过邮政系统提供递送 DVD 光盘到顾客家中的服务。Netflix 的产品（即人们购买的东西）是网站的使用权，这种使用权允许顾客在其网站上找出想看的电影，然后将对应的 DVD 光盘以适合自己的频率递送过来。尽管这个服务体系也涉及有形的人工制品（DVD 光盘是实体产品，而网站则是由开发团队设计实现的数字化人工制品，它能达成特定的任务和目标），但是服务本身几乎是无形的。要想从服务的视角来开展交互设计，首先要考虑的问题是，在既有的流程、关系和工作等人与人之间形成的连接中，价值可以从何处被注入。为了实现服务设计项目，交互设计师还经常需要描述对既有系统进行的改变，包括数字化的、实体的、组织结构上的和

---

⊖ 关于"服务设计"的专著 *This Is Service Design Thinking：Basics，Tools，Cases* 是一本非常不错的参考书，详情参见 http：//www. thisis servicedesignthinking. com/。——译者注

流程上的等。

原型制作（prototyping）在"传统"的设计中至关重要，当然，在服务设计中亦然。与"传统"设计相比，服务设计的原型制作所涉及的媒介与前者不同。制作桌子的原型时，设计师会采用各种数字化的或实体的形式，以便了解在尺寸、形状、定位等方面如何进行权衡。而在制作"除草服务"的原型时，设计师必须采用各种不同的材料和方法。故事板、故事叙述、角色扮演（role-play）、bodystorming⊖和method acting⊖等多种方法都会被用来探索如何开展和实施原型服务，以及人们如何对其中的各种交互做出反应。

无论以何种形式来解决人道主义问题，如果产品、服务和系统要支持它，那么这些产品、服务和系统的设计的关键就要包括两点：其一是上面提及的诸多方法；其二是

---

⊖ 专业术语"bodystorming"指的是交互设计或创意过程采用的一种技巧，旨在通过假想的人工制品和实际行动来描绘特定方案所能实现的愿景。做法是假想产品或服务实际存在，并由此对假想产品或服务做出实际的反应，而且最好是在应用产品或服务的实际情境（比如地点）中进行。详情可参见 http://en. wikipedia. org/wiki/Bodystorming。——译者注

⊖ 专业术语"method acting"指的是一类表演技巧。做法是演员自身在脑海里酝酿出角色所具备的思想和情感，以便获得生动逼真的表演效果。此技巧也适用于设计。详情可参见 http://en. wikipedia. org/wiki/Method_acting。——译者注

从服务设计视角来处理问题的方式在哲学高度上的大局观。由于诡异问题本质上关乎社会与文化，因此它们总涉及人的因素，而且缓解这些问题的策略总涉及某种形式的服务。要想推进设计的构思并解决前述 Rittel 提出的诡异问题的第八个特征，就要掌握两个根本性的要件：其一是纳入了时间推移因素的原型；其二是模拟人类交互的方法。

考虑到诡异问题的规模，以及在大规模实施解决方案之前进行测试的难度，有人也许会认为，要想以解决客户问题的方式（从次优的状态转变到更优的状态，使得问题消失）来解决诡异问题是不太可能的。然而这绝非意味着这些问题不值得着手解决，而是意味着，我们需要改变用以描述和分析设计方法的语言，还需要改变问题解决者既有的视角和观念。在美国，授权他人去解决问题的部门通常会以项目的方式对解决问题的活动予以界定，要求解决方案具有确定性，要求项目有始有终，在期限内完成。这样的要求不仅使财务申报变得更容易，还减少了项目运转中的烦琐细节（例如，审计工作可以根据预先制定好的项目计划来酌情安排）。然而，只有在某些预期确实能够衡量成功与否的项目中，这样的做法才有意义。倘若设计策略被定为缓和贫穷导致的情感上和文化上的反响，并抑制新生代群体中无家可归人员数目，而且采取的手段是试验性的，那么设计师就可能面临被要求遵循预定日程计划的巨大压力。强行要求这样的设计活动去遵循某种项目计划，往往会导致设计出颇具随机性的检查点和度量标准，从而可能进一步给设计团队带来焦虑感和压力。

处理诡异问题有好几种方法，鉴于问题的范围和规模的不确定性，同时综合几种方法往往最有用。设计师介入解决这类问题，往往是因为设计与问题解决两者之间密不可分的关系。许多设计师觉得自己首先是问题解决者，其次才是设计者。诡异问题具有一些设计层面上的共通之处，它们使得诡异问题与典型的人工制品的设计问题（例如设计椅子或设计网站）区别开来。

诡异问题所涉及的利益相关者通常很多，而且这些利益相关者往往抱有不相容（且经常不合逻辑）的目标。不妨以 One Laptop Per Child（OLPC）项目为例，其核心宗旨是把计算机的力量普及给非洲等地区的学生。OLPC 的解决方案至少涉及下列利益相关者：各个洲的国家及地区的政府（光非洲就包括了马里、加纳、尼日利亚、喀麦隆、埃塞俄比亚、肯尼亚、乌干达、卢旺达、莫桑比克以及南非等）、世界经济论坛（the World Economic Forum）、Quanta Computers 公司（硬件生产商）、联合国开发计划署（the UN Development Program）、fuse project（硬件设计方）、Pentagram（软件设计方）、MIT Media Lab（催生此项目的教育研究机构）、Fedora/Red Hat（操作系统提供方）等。倘若没有推动力巨大、项目管理强大的集中化协调机构（以缓和调控各种不同意见），要让所有上述利益相关者达成一致就是不太现实的。

诡异问题所涉及的内容带有政治性。OLPC就是个定位转移（placement shift）的例子。定位转移指的是有意识地不采用原本预期的、明显的解决方案，转而寻求他法。一般人可能会认为，在极度贫穷的国家，最好的援助应该是提供食物和水。然而，OLPC不以为然，认为提供食物和水只是短期解决方案，而教育才是实现自给自足的驱动力，计算机芯片里蕴含着的是"授人以渔"的格言。OLPC的这种观点显然是颇具争议的。为此，OLPC还在其网站上设立了一个专题，专门驳斥他们认为是谬误的看法，比如"那些饱受穷困之苦的地区最需要的其实是食物、水和住所，而你们却在强制普及计算机"，OLPC对此驳斥道："要争辩说教育并不是减少贫穷的要件是很难的，教育大概比食物捐献和协助支持地区发展更有效，要争辩说儿童不需要书本就可以接受教育，那恐怕就更难了。"⊖OLPC的创始人兼主席Nicholas Negroponte针对这个议题接受了*60 Minutes*的采访。

Leslie Stahl（采访者）：你面向的国家面临食物匮乏的

---

⊖　OLPC Myths. < http://wiki. laptop. org/go/OLPC_myths#You. 27re_forc-
　　ing_this_on_poverty_stricken_areas_that_need_food. 2C_water_and_hous-
　　ing_rather_than_a_laptop. >

问题，那里的儿童无法接受足够的教育，连识字都成问题。为什么还要普及笔记本计算机呢？笔记本计算机对于那里的人们来说更像是奢侈品，他们需要的比那多得多。

Nicholas Negroponte：我们来看看巴基斯坦和尼日利亚这两个国家的情况。两个国家都有50%的儿童没能上学。

Leslie Stahl：完全没上学吗？

Nicholas Negroponte：完全没上学。他们那里没有学校，甚至连教师借以遮阳的树都没有。

Leslie Stahl：所以你的意思是，即使他们没法上学，你也要给他们提供笔记本计算机，是吗？

Nicholas Negroponte：恰恰是因为不能上学才更要给计算机！因为他们不能上学，所以计算机就成了他们的"盒子"学校[一]。

两方之间的相互争论和反驳还有很多。像这样直接考察设计判断的做法成了一种晴雨表，用来度量设计能形成的冲击性影响。在设计咖啡杯、鞋子和汽车的时候，我们是在以普及扩散的方式潜移默化地对行为做出设计，而在着手处理诡异问题，为形成冲击性影响进行设计的时候，我们是在以显而易见和直截了当的方式对行为做出设计。

---

一　One Laptop Per Child on *60 Minutes*. Transcribed. < http://www. olpctalks. com/nicholas_negroponte/olpc_60_minutes_interview. html >

## 为形成冲击性影响而设计

当前的大众媒体和设计出现了一个趋势，就是为达成冲击性影响和社会性创新进行设计。从关乎社会公益的层面来说，形成冲击性影响和实现社会性创新都要求对设计活动重新定位。两者都意味着通过有计划、有章法的方式解决问题，从而利用同理心和原型制作等手段实现行为转变。尽管设计始终通过关注最终用户来实现对人性化的追求（经常被描述为可用、有用和吸引人），但是以增进社会公益为宗旨的设计是设计的一种有意识、有目的转变，设计从一种被嵌入商业环境中的概念转变成了一种旨在实现社会公益和改进的方法学。这种被落实为方法学的设计与商业环境中的设计是截然不同的，它不需要企业的财力支持，就能够自力更生。

　　在设计被嵌入商业环境的情况下，设计师可以从企业获得许多帮助。设计活动可以得到大力资助（虽然实情往往并非如此）。设计师可以充分利用企业的供应和发行渠道，还可以充分利用既有的品牌资产（brand equity）来促使新产品、系统和服务得到市场认可。然而，有得就要有舍，企业自身的种种局限性也对设计师及其设计活动设定了限制。设计师必须把 ROI（投资回报）纳入考虑，频繁地酌 ROI 之情对设计活动做出调整，同时为了确保资金支持的延续，还要尝试对设计的主观品质予以量化。上市公司还会对设计活动设定硬性的时间限制，因为季度盈利公告很容易让公司重心以散漫的方式发生转变，公司的目标也会因此以看似随意的方式被不断重组。设计师也许能从日常工作中获得个人满足，但以营利为目的的企业始终只有一个目标，那就是获得较高利润。因此，即使有对人道主义和妥当性方面的考量，它们也注定会被放到次优先的位置。

　　一旦脱离了商业环境的桎梏，设计就获得了新的挑战和机会。致力于社会性创新的设计师可能会发现自己缺乏推介其产品、系统和服务的财力和手段。如果设计师希望解决其他国家的问题，那么他们还可能缺乏恰当的发行手段，无法触及目标受众。新的挑战可能还包括应对发展中国家的政治系统。要以合情合理的方式克服所有这些挑战，需要宝贵的资源。然而，对于许多致力于实现冲击性影响的设计师而言，克服挑战之后的收获也是巨大的。摆脱了商业环境桎梏的设计不会再受到季度盈利公告要求的短期绩效的困扰，也不用再每隔三个月就公示某种增长和成效。对营利能力的要求没有了，取而代之的是对财务方面可持续性的考量：组织能否获得足够多的资金，借以维持解决方案的实施和落实？

最重要的是，致力于实现人道主义冲击性影响的设计师可以着手处理人类面临的最迫切的问题，同时又不必受困于经济生存能力、品牌差异化、持续创新和市场竞争等因素的限制。从某种意义上来说，从事这种设计活动的设计师获得了判断自由，他们能够自行决定关注何种问题。大型通信公司的设计师可能会花大把时间来完成"设计手机铃声购买流程"或者"设计广告宣传活动"这样的任务，并因此怨声载道，而致力于社会改变和增进人道主义的设计师则可以自由地选择解决那些自己认为最迫切、最有需要和最重要的问题。

对于"利润导向"的设计和"冲击性影响导向"的设计这两个极端，也许两者的融合比两者水火不容的关系更加有趣：在商业环境中致力于人道主义的冲击性影响却又以大规模地获取收入

担负起社会责任的花生酱对于圆木上的蚂蚁来说是最理想不过的了

为根本目的。这样的设计有几个生动的例子。

Nutty Solutions 是一家生产花生酱的公司，同时又致力于帮助儿童在其关键成长时期避免和克服营养不良的情况。该公司生产高档花生酱（在美国的价格非常高昂），然后用获得的收入来支持 RUFT（一种具有药物作用的即食食品）的生产，并将其供应给尼泊尔。在尼泊尔，每 14 分钟就有一名儿童死于营养不良。我们致力于与当地的非营利性机构展开合作，在当地建立 RUFT 生产基地[一]。

MPower Labs 是一家孵化器和商业加速器企业，致力于"助推亟须支援的企业，为能迎合市场需求的新产品、新服务实现业务发展加速。"[二]这是对创业公司的资助和辅导，而此举又带动了金融服务产品的业务（比如 Rêv Worldwide 和 Mango Financial 公司等所提供的服务）。

上述两个例子都将设计放到了社会公益的框架中，同时又迎合了增加收入、发展业务，甚至是很直白的实现营利等常规的商业考虑。由此，以营利为目的的企业所具备的发行机制可以用来触及颇为广大的受众，并传达强有力的讯息（观念），其效果可能是极其巨大的。

---

[一] Nutty Solutions Mission Statement. "Sustainable and Scalable Funding of Ready-to-Use Therapeutic Food Production." < http://nuttysolutions. weebly. com/our-mission. html >

[二] MPower Labs Mission Statement. "Mission & Philosophy." < http://www. mpowerlabs. com/about/who_we_are. php >

## 金字塔的底端

"金字塔的底端"中所指的金字塔是财富金字塔，其顶端是极少数富人，底端是数量巨大的穷人（主要特征是收入极低，每天的收入往往不到几美元）。财富金字塔以图形化的方式描绘了世界上财富的分布情况，即一小部分人掌控了大量资源。已逝的著名商业策略专家 C. K. Prahalad [一] 用这个金字塔描述了一个政治色彩不浓但颇具争议性的观点。这个观点是，由于金字塔底端的人群规模巨大，因此只要我们能理解其相关文化背景，就能针对他们进行设计并且向他们销售产品，从而通过底端生财致富。这听起来仿佛是乌托邦式的幻想：发展中国家和地区的 50 亿人会以前所未有的方式发掘自己的购买力，能够触及销售的制品。Prahalad 敦促大型公司瞄准这些购买力正在不断增强的巨大群体，有时候他甚至在暗示，如果不把目光瞄向发展中国家和地区，那么相应的经济风险可能是灾难性的。他描述道："世界资源研究所（the World Resources Institute）和国际金融公司（International Finance Corp.）刚刚完成了一项大规模研究，结果表明全世界有 40 亿人每天的收入不足 2 美元。对于五口之家，那就意味着不足 3650 美元的年收入……而印度的各无线通信公司每个月就会增加

---

㊀ 参见 http://en.wikipedia.org/wiki/C._K._Prahalad。——译者注

500 万用户，到 2010 年可能达 4 亿的无线服务用户。对于诺基亚、摩托罗拉或者爱立信，如果不参与这个市场，那么未来 50% 的业务便就此没有了。"⊖

然而，并非所有人都认同 Prahalad 的"私营企业向穷人兜售商品"观点。有些人声称他对那个市场的规模估计过高，还有些人针对他把穷人作为消费者的观点提出异议，强调说由于穷人具有劳动力和生产力，因此通过金字塔底端的生财之道在于让穷人参与生产并购买他们自己生产出来的物品和服务。

无论金字塔底端的穷人是以何种方式被拉入巨大的"消费者/生产者"经济生态体系中的，他们的介入似乎既是不可避免的，也是颇具前途和潜力的。赋予他们这些力量的是科技的普及（通过覆盖度大且价格低廉的科技制品）。同时，要将科技以人性化的方式普及，依靠的是设计。担负起道德责任的是设计师，对妥当性进行斟酌和质疑的也是设计师，因此设计师必须习得在文化层面上保持同理心的方法，还必须探索为受众引入新产品、新服务的重要性和意义。

## 医疗、卫生保健和教育中的设计

科技的普及为体制化（institutionalized）的社会服务带

---

⊖ Bill. C. K Breen. "Prahalad-Pyramid Schemer." In *Fast Company*, March 1, 2007. < http://www.fastcompany.com/magazine/113/open_fast50-qa-prahalad.html? 1273562571 >

来了全新的面貌，同时也招致了对其的不认可和拒斥。这类服务往往是匿名的、流程化的大型系统，多数是以较差的质量为大批量人群服务，而不是以较高的质量为小批量人群服务。这样的服务广泛见于医疗保健、教育和政府机构。对这些服务的不认可和拒斥，大概是个人关怀、个人教育和科技能力三者综合作用的结果。

设计师 Hugh Dubberly 就此提道："把健康事宜重新定位成个人管理的这种个人化趋势，在教育和设计领域也能看到。我们看到越来越多的学生自行管理（或设计）自己的学业，还看到越来越多的用户自行管理（或设计）自己的体验。这些变化也许从属于更大趋势，比如专业学问的大众民主化趋势，以及从推崇机械化系统到推崇有机系统的思潮的转变趋势。"⊖ 这个趋势解释了人们最近在商业大局观之下兴起的对设计的热衷（或者，也许是这种热衷反过来催生了这个趋势）。用设计师的眼光来考察问题是个有机的过程，而不是线性过程，当然更不是以计算方法般机械式的可重复性为驱动力的。

诸如医疗保健、教育和政府公务等社会服务可能正在不断衰退。从某些角度来看，它们正如一面镜子，成了由消费类电子设备和汽车生产等组成的日常商品市场的真实

---

⊖ Hugh Dubberly. Reframing Health to Embrace Design of our Own Well-being. in Interactions Magazine，May/June，2010.

写照。两者具有相似性，后者因为涉及更多个人化的交互而使问题显得更加严峻：用户的差异性大于共性，无法被轻易地分段、归类或特征化。在教育和科技的协助下，他们能够以更好的方式自行提供服务，而且得到的服务与原来由企业或机构提供的相同。

Dennis Littky 看到了设计在未来的教育领域中的应用前景。他创立了 Big Picture 项目<sup>⊖</sup>，发展出了一套新的中小学教育方案（目前已经拓展至大学），致力于降低"危险"青少年的辍学率。对于这些"危险"青少年而言，传统死记硬背的教育方法是很难取得良好效果的。尽管各种替代教育方法已经存在多年，但是 Littky 的方法首次兼顾了深度和广度，这两个维度的结合使得他的方法具备了"设计师的眼光和视角"：他不仅要改变所在地区的本地文化，还要改变全美国的整个教育体系。

Littky 的模式并不拒斥教育工作者，前述 Dubberly 也不是要拒斥医生、教师和传统意义上的政客。正如设计师为人们建立体验框架一样，这些领域的专业人士也要逐渐掌控自己工作中关乎体验和行为方面的特点。从许多方面来看，这才感觉像是设计朝着真正的大众民主化方向迈进：设计师通过人性化的方式实现其他领域所需的科技，

---

⊖ 参见 http://www.bigpicture.org/。——译者注

进而支持这些领域的专业人士。

如此一来，医生在诊治病人的时候，就不会再把个别症状作为独立的问题来看待，而是会综合考虑，针对各个病人的具体情况从生活方式层面为病人定制健康计划。为什么有人隔几个星期就会得一次感冒？他都吃些什么样的食物？医生会了解他锻炼的情况。此外，医生也许还会花一天的时间与病人待在一起，观察其生活的方方面面，并由此提出或宏观或细节的改进建议。

教师不再通过转述学生需要学习的内容来进行教授，而是了解各个学生的具体情况，为每位学生定制教育计划。"通过动手实践的方式学起来最快？太好了！那我们从科学到体育都如法炮制。对枪炮武器最感兴趣？很好，那我们就借它来描述数学和物理知识。"营养师会和客户一起去购物，观察客户的购物行为，然后帮助他们做出改善。诸如前述 Big Picture 那样的学校项目可以提供一对一的学习方案（在许多情况下都是三名教师辅导一名学生）。显然，这种非体制化（deinstitutionalized）的服务显著改变了专业人士与用户之间进行互动的时间。这种变化是前述 Hugh 提到的更大趋势的一部分：我们正在向有机系统的世界观转变。在这种新趋势中，顾客接受服务的效率和顾客数量与度量服务的基准无关。

## 拒斥经济目标和经济结构

新的教育形式、新的咨询顾问方式，以及转而对"为形成冲击性影响而设计"的关注等"非体制化"的做法，都体现了设计中的新趋势，这种新趋势与传统的经济目标和经济结构背道而驰。许多新趋势下的设计从业者年龄都不到 40 岁，他们与其父母或祖父母的生活目标截然不同。十年之前看起来很荒唐的职业发展在现今看来就并非完全不现实了，这可能包括：搬到印度、中国或其他发展中国家和地区去生活工作；放弃光鲜的高薪工作，转而加入薪资较少、致力于人道主义活动的创业公司或非营利性机构等。这类工作几乎不言自明地拒斥了 20 世纪 50 年代以来一直（在美国）被视为社会常规的"家有妻儿、郊区有房、院外有车、车有两辆"的生活愿景，并从根本上质疑了专业领域用以衡量所谓职业成功的经济标准。像设计这样充满动态性和创意性的专业正是如此。在许多方面，年轻一代的设计师已经抛弃了大量组织架构——这些组织架构已经将设计压抑了多年。

设计咨询成为商业生态系统中的关键成分，已经存在将近一个世纪了。在设计咨询的工作模式下，设计师以项目的方式与公司或组织形成合作关系。项目是个有始有终的创造性活动，通常围绕特定的设计问题（以项目概述的形式体现）展开。设计师会为客户提供可交付物（deliverable），客户所在的公司会将其扩展、复用，并将其纳入公司体系中。品牌体系就是一种可交付物。设计师设计出品牌体系，用来为既有产品定义一组适用于品牌推广的关键因素。一旦被交付给客户，该品牌体系就会演化并被运用到新产品的品牌推广中。另外，设计咨询公司也可能把工作重心放在特定的产品上，依据客户自身的限制或要求开展设计工作。就设计工作而言，设计咨询公司的工作速度一般比客户公司更快，因为前者既摆脱了公司环境下的种种日常琐碎事宜（比如无休止的现场会议和电话会议），也避开了许多大型公司的内部政治斗争。同时，设计咨询公司的设计师看重的可能是项目的多样性及其带来的收获，这有助于避免工作中的疲劳效应，方便设计师不断运用新的参照系（观点、视角、范畴等）来考察新项目或新问题。如此一来，设计咨询公司就具备了行动迅速、目标性强，以及总能从全新视角来考察问题的特点。

现今，新的设计咨询模式正在涌现：非营利性设计咨询。这种新形式的设计咨询公司具备上述所有优势，只集中关注与社会改变和社会影响相关的项目。与既有设计咨询公司每小时收费 200～300 美元不同，新型的设计咨询公司免费提供服务，依靠补助金和社会捐献来维持工作和运营。

新型设计咨询模式最突出的例子是 Project H。Project H 由 Emily Pilloton 创立，是"设计师和建设者组成的团队，致力于改善当地被社会忽视的人士的生活。"[一]Emily 的团队通常以非营利的方式参与当地的多种工作，并与当地机构（比如学校或医疗保健机构）展开合作，以便针对其独特的问题探求有针对性的解决方案。这些在单个地区实现的解决方案往往几乎不需要经过修改，就可以成功地大范围推而广之，充分发挥了"源自本地、传遍天下"模式的潜力。由包括工业设计师 Dan Grossman 在内的设计师团队创立的 Learning Landscape 项目就是个很好的例子。该项目是"可扩展的、基于网格的游乐场系统，专门针对小学数学教育而设"，它利用物理空间和低成本材料创建出用于教授数学知识的模块化系统[二]。Grossman 之所以参与该项目，是因为他希望展示设计如何实现大众民主化。"在现今的世界里，受惠于优秀设计已然成为一种特权，而非众人的基本权利。为了把优秀设计呈给最需要它的人们，你可以提出很多问题，但是你不应该问这么做能赚回多少钱。"[三]

正如 Emily 之前所述，旨在实现社会性创新的设计所

---

[一] Project H Design. < http://projecthdesign. org/ >

[二] 项目详情可参见 http://www. learninglandscapenetwork. com/。——译者注

[三] Interview Dan Grossman, 2009.

能获得的最大成就来自"本地的、稳固的、长期的、自家院内的工作。我坚信,实现长久的冲击性影响有三大要素:身临其境(就是你要在现场,在你为之设计的地方)、投注同理心(在实现共同繁荣的过程中倾情献身,倾注自己的情感)、遍布性(与针灸一般的只有点没有面的覆盖性截然相反,影响范围要在多个层面上实现全面的覆盖)"。⊖

　　非营利性设计咨询模式的另一个例子是 Project M ⊜,与上例的名称类似却全然无关。该项目由 John Bielenberg 创立,是从本地实践活动的层面来处理教育和设计方面的问题。该项目旨在通过本地的、目标性强的小型项目来改变世界。这些小型项目涉及特定形式的社区建设,常常还包括将内容形式化和传播内容的方法。Buy A Meter 就是这种小型项目,该项目试图让人们关注美国亚拉巴马州黑尔县(Hale County)缺乏纯净饮用水的现状。当地每四家就有一家没有接上市政用水系统。该项目募集了45 000 美元,足以购买 106 只水表,可以让 106 个家庭接上用水系统⊜。

---

⊖ Emily Pilloton. "Depth Over Breath: Designing for Impact Locally, and For the Long Haul."*Interactions Magazine*. May/June 2010.

⊜ 项目详情可参见 http://www.projectmlab.com/。——译者注

⊜ Buy A Meter. < http://www.buyameter.org/oneinfour.html >

Project H的Learning Landscape项目（图片由Project H提供）

Project H 和 Project M 都把设计师原本在传统的营利性设计咨询公司里投入的力量运用到了非营利性的设计活动中。这些本地项目也都遵循了设计的基本过程，包括人种学（民族志）研究、综合、构想，以及特定形式的生产性传播。它们的目标都不是创建以营利为目的、诉诸大规模生产和推广的解决方案，而是解决当地问题并在社会层面上产生效果。

## 设计的教育问题

对于"社会改变和人道主义改进"这种新的社会规范，接受它的不仅仅是设计。设计教育也已经发生演进，将关注点转投到了这个新的方向。

为设计师提供设计与创新类硕士进修机会的学术机构鼓励并指导学生探索与社会因素相关的问题。学生可以调研可持续性问题，也可以通过课堂项目来为当地机构或人道主义团体免费提供设计服务。不仅如此，进修设计学科博士学位的学生还可能会深入调研诸如无家可归或者饥饿之类的复杂社会问题。在欧洲和亚洲，Cumulus（国际艺术、设计与媒体院校联盟）在探索平等、伦理道德，以及推动符合伦理道德及人道主义的设计教育的研究等方面都取得了成功。

在美国，只有五所院校加入了具有上百所成员院校的

Cumulus，而且美国诸多设计院校都对来自商业世界的资金诱惑和有大公司赞助的项目趋之若鹜。这样的项目成了专业水平的支柱，已入门的设计师经由这些项目来提高技艺（也经常借由这种全情投入来把美国设计界的种种不真诚抛到脑后）。

本书作者创立的 Austin Center for Design（奥斯汀设计中心，坐落于美国得克萨斯州的奥斯汀市）的宗旨就是通过设计和设计教育来改变社会。针对社会问题和人道主义问题的设计知识会不断发展，而社会改变则会在这个过程中发生。美国 Parsons 设计学院也启动了交叉学科的设计课程计划，旨在通过把设计各个关联学科综合起来以增强解决问题的能力。"世界上有些挑战性问题太过复杂，以致单独的设计学科无法解决它们。我们是在这样的前提下启动该计划的，期望在我们的课程中着手面对这样的复杂性，并经由设计来克服挑战。"<sup>⊖</sup>这类新兴的设计课程将培养出一代又一代的设计师，并能充分利用社会中现有的推动力，让设计逐渐从商业环境的桎梏中解放出来。

---

⊖ Linda Tischler. " Parsons Launches Transdisciplinary Design Program. Whatever That Is. " *Fast Company*, February 23, 2010. < http://www. fastcompany. com/1559917/parsons-launches-transdisciplinary-design-program-whatever-that-is >

　　教育的转变为长远的剧变创造了机会。在 20 世纪 80 年代的设计课程中，学生学习的核心内容是所谓人本因素和人体工程学，之后他们便将所学奉为衣钵，在其专业领域推行以用户为中心的设计理念。与之类似的是，在过去十年中习得了"把可持续性作为设计的核心素质"理念的学生，现如今就会将"把有利于生态环境的技术技巧融合到设计工作中"作为实践准则。让设计之教育脱离商业环境的限制，把教育之导向引至解决人道主义问题的主题，只有如此，才能孕育出新一代的设计师，让他们愿意并能够致力于解决紧迫的社会问题及其他有意义的问题。为此，我们需要就判断与价值的议题进行持续不断的对话和探讨，这种讨论重申了一个关键点，即并非所有问题都值得解决。

　　Victor Papanek 在其著作 *Design for the Real World：Human Ecology and Social Change*（实事求是的设计：人类生态与社会改变）中说道："设计师的首要职能就是解决问题。"⊖我个人的看法是，这句话还意味着设计师必须在辨识既有问题方面变得更加敏锐。我们完全可以有所选择，运用解决形式、风格或品牌等相对简单问题的工具和手段

---

⊖　Victor Papanek. Design for the Real World：Human Ecology and Social Change. Academy Chicago Publishers，1985.

来解决涉及面更广的复杂问题。如果说设计师有能力为我们的生活塑造出富有诗意的体验，那么这也意味着设计师还可能塑造出糟糕的体验，其原因可能是设计师技能欠佳，也可能是设计师故意选择了无关紧要的项目来混日子。设计师可以选择致力于解决关乎社会、政治或者经济稳定的问题，也可以选择接下诸如"设计面向消费者的在线书店"之类的设计任务。我们不妨将两者比较一下，想想哪种选择对谁的价值更大。我们并不是想要反对开发消费制品或消费类产品，而是在强调两件事情：其一，设计师需要意识到自己的选择所能产生的反响和后果；其二，设计师需要明白，自己的工作之所以能够开展是因为自己对解决问题的领域或类型做出了选择，自己的时间用在何处取决于这个决定。

## 为他人设计和协同他人设计

前述的案例涉及关于医疗保健、发展中国家和教育等方面的问题，所有案例都体现了设计在哲学层面上的一种微妙转变。在转变之前，设计的要义在于生产供他人消费的人工制品。设计师针对独立的问题进行设计，并充分考虑受众的利益。设计师的角色是生产者和创造者，其工作是创造美观、适宜或可用的人工制品。而在转变之后，设计的要义在于同他人一起进行设计。设计师的角色是引导者和转译者，设计师既拥有创造人工制品方面的深厚专业积累，还能在看似无关的各种概念和想法之间建立联系。如此一来，设计就变成了一项公共活动，设计师就变成了"舞蹈编导"（或动作指导教练）。

非设计人员指的是在产生新想法或将想法具象化方面没有受过训练的人士。协同设计（codesign）或参与式设计（participatory design）要求设计师为非设计人员提供参与设计的环境和方法。设计师的这种做法就是一种引导行为：营造一种方便协作的工作环境，使非设计人员能畅所欲言，针对设计做出决策或提出建议。优秀的引导者能够理解并掌控团体活动的动态与变数，能够有效地利用相对较长的时间（比如一个星期或更长），以充分发挥团队的效率和生产力，还能让所有参与者感到舒适、自在。同时，一旦非设计人员得到了足够的基本工具，掌握了必要的基本手段，他们也就能以足够多的细节来描绘自己的想法，并自信地针对特定的设计进行解说、合理化或者论述。

在引导团队开展设计活动时，交互设计师扮演了转译者的角色，不但能用视觉化和具象化的方式来表述和描绘由团队构想和提炼出来的想法，而且还能把对新想法的模糊描述、手势比画或旁征博引转译为明确、具体、有可操作性的表达形式。要有效地落实这一切，设计师就要凭借其在创造人工制品方面积累的专业经验和技艺，对各种形势做出预计，包括定夺哪些想法是可行的，如何对想法进行优化，以及如何以最恰当的方式表达和描述想法，以使团队可以就此进行深入探讨。交互设计师操纵的媒介是人类行为，利用的通常是数字化材料（比特、字节、像素和处理器）。此外，设计师在很大程度上还要依靠两个方面的品质来对团队进行引导：其一是设计师在数字化人工制品方面的个人经验；其二是设计师对人们通常如何使用或看待这些数字化制品的了解。

上述那样的设计活动能让普通人发挥创造性，并且体验之前提到过的那种"流"式的专注状态。考察这种设计的含义是件很有意思的事情，毕竟普通人大多不会自称艺术家，而且可能也几乎没什么机会去做些真正的创举。不妨设想这样的事情：设计能赋予普通人力量，让他们能借此进行创造性活动，提出新想法，通过看得见摸得着的有形之物来实现新想法，并由此获得乐趣和个人满足感。只要拥有恰当的工具和手段，非设计人员也能发挥创造性——心理学家 Liz Sanders 在参与式设计和设计工具集方面的认知正是以此为核心理念的。她描述道："将非设计人员纳入协同创作中，让他们在设计开发早期参与，能够对设计成果形成正面的、长远的影响。"⊖Sanders 描述的是未受过正规设计训练的人如何创造并运用由基本构件组成的工具集，并由此获得进行创造的话语权和实现手段。乐高积木（Lego）让人们可以在不具备工程学知识的情况下也能轻易地创造形状和结构。与之类似的是，设计工具集让人们可以在不了解设计原则的情况下也能轻易地创造人工制品。

从"为他人设计"到"协同他人设计"是具有挑战性

---

⊖　Liz Sanders, and Pieter Jan Stappers. "Co-creation and the New Landscapes of Design." *CoDesign*. March 2008.

的转变。在从设计实体制品向设计数字化制品的转变时期，许多设计师也体会到了转变的挑战性。比较起来，这两种转变提出的挑战可谓是旗鼓相当的。在"协同他人设计"的模式中，"为他人设计"模式中既有的设计过程仍然适用，只不过其中某些特定的技术技巧可能已经变得不必要或不合适。在许多情况下，还需要全新的设计语言来支持利益相关者所面临的新的数字化问题。有些设计师顺利地完成了转变，而有些设计师则仍在突然变得陌生的世界里努力挣扎，以避免惨遭淘汰的厄运。"协同他人设计"的模式不仅对传统设计方法造成了威胁，还威胁到了面对转变犹豫不决的设计师和尚未完全接受人道主义设计理念的设计师。与此同时，新一代的设计师正在不断学习新的技能，包括如何协同最终用户一起来实践大型的创造性活动，如何将数据转化为可付诸行动的洞见，如何在新的设计问题中克服材料选用方面的挑战，以及如何于解决诡异问题的过程中在看似迥异的各个主题之间建立联系。

THE

POINT?

　　本书对交互设计的概念做出了定义，强调了其作为一门学科（领域）在知性和文化层面的含义。本书讨论了（设计）语言、观点和话术在产品、服务和系统的设计中所扮演的角色。本书把对语言的探讨延伸至艺术性的诗歌层面，介绍了"富有诗意的交互"概念——这种交互对人的影响不但触及身心，还触及灵魂。

　　本书还检视了交互设计师处理关乎行为和时间的复杂问题的过程。该过程包括：构造大量的数据，考察用户，尝试为随时间不断演化的人类行为提供支持等。

　　本书还介绍了交互设计与不断演进的文化之间的关系，认为交互设计是文化演进过程中不可或缺的方面，它经常与传统的商业化开发过程相互关联，但在本质上又是独立于商业范畴而存在的。成功的交互设计是解决复杂问题所需的关键性要件。作为一种设计活动，交互设计并不是辅助性的服务，不是那种在项目后期才被叫过来提供附加价值的服务。

　　最后，本书还为交互设计指明了发展方向，主张有目的、有意识地解除商业环境对设计施加的种种限制，让设计摆脱商业环境的桎梏，以便充分利用设计过程来解决社会、政治和经济方面的问题。除了设计网站或者烤面包机之外，如果处于主导地位的设计师能将设计放到社会问题的范畴中开展工作，那会是怎样一番景象呢？如果把设计的智慧和方法学应用到政治领域或政府事务中，又会有什么样的结果呢？是否可以把美国的经济稳定，或者发展中国家或地区的社会福利看作规模宏大的设计问题来予以解决呢？

设计师 Milton Glaser 曾公开宣称："优秀的设计就是优秀的公民品质的体现。"⊖ 不妨想一想身为公民的含义，无论优秀与否。"公民"一词意味着对他人的认知、对文化的认知，以及对我们创造的产品所处的社会或政治环境的认知。腐蚀了产品设计多年的那种狂傲自负、刚愎自用的行为，在此被彻底否定。

艺术家常常通过其作品来对政治、社会经济和文化诸事表达自己的看法。特定历史时期的文化总有许多微妙的特征和细节，艺术被当作理解它们的途径。设计经常被视为一种艺术形式，于是设计方案也可被看作借以洞察文化世界的窗口，能让我们窥探到特定历史时期所反映出来的价值观。设计在品牌化、媒体和大众营销等领域得到越来越多、越来越深入的应用，这描绘出了信息时代表征背后的演进之路，那是一条立足于消费者、在很大程度上由商业驱动的道路。

---

⊖　出自 Stephen Heller 的著作 *Citizen Designer*，Allworth Press 于 2003 年出版。

Maurizio Vitta 在其著作 *The Meaning of Design* 中探讨了这种物质化的文化趋势。他解说道，设计师肩负着做出文化期望（cultural expectation）的重任，这种文化层面的期望通常被理解为"让生活更美好"，但往往被夹杂搅拌到美感或者品牌视觉化（brand visualization）的表征中。然而，物品的文化是理解设计文化的关键。物品本身就深深蕴含了社会性的含义（social significance），成了在哲学层面和意识形态层面引起人共鸣的符号（sign）。我们消费的过程实际上也就成了向自身和周遭世界表达特定价值观念的过程。我们身边立即可选的物品是如此众多，以至于这种价值观念的自我表达被急剧放大。从本质上来说，消费者可以选择特定的物品、服务或系统，借以表达任何想表达的观念。由此，物品、服务或系统就逐渐丧失了其在功能层面上的共鸣能力和重要性，设计的要义就变成了"把言语（观念）传达给消费者"的能力。物品能做什么变得远不如它能表现什么来得重要。由此观之，设计师确实能够创造文化。设计师提供的是选项，消费者通过选择物品实现了价值观念的表达，文化便由此建立了起来。

Vitta 还解说道："一方面，从反思的角度来看，（设计师）确实享有与其设计成果（物品）相同的核心角色和中心地位；另一方面，尽管设计师在文化层面扮演的角色被赋予了极大的声誉，但是设计师相应也承担着风险，其所设计物品的脆弱性和浅薄性源自设计者。"<sup>⊖</sup> 设计是瞬息万变的——我们联手创造出来的文化与身在文化之中的我们一样，具有注意力缺失紊乱症（attention deficit disorder）。

让设计摆脱商业环境的桎梏，自由发展壮大，已经是大势所趋。设计师已经站到了社会公益创业（social entre-preneurship）、社会性创新，或者所谓"新设计"的舞台上，对构建值得我们生活于其中的世界起到了根本性的支柱作用。人类行为天然就是富有诗意的，以与花鸟树木相同的方式引起人的共鸣，而干扰其诗意表现的可能是我们设计物品、服务和系统的活动。只注重科技或者只注重美学所创造出的世界只会充满缺失了人性的离散想法和观念。只有把科技、美学和人性三者融合到一起，我们才能踏入交互设计的世界。交互设计研究的是人与事物之间的对话，因此它能为科技的进步带来和谐之音。

---

⊖　Maurizio Vitta, *The Meaning of Design*. In Victor Margolin's *Design Discourse*, University of Chicago Press, 1989.

WORDS,

# WORDS

MEOW

**Abductive Thinking（回溯式思考）** 基于直觉和假设的逻辑思考方式，有时候被描述为"最佳解释之逻辑"。设计师采用的就是这种思考方式，依据收集到的大部分（但不必是全部）的信息，做出经过考察的、生成式的（generative）设计决策。

**Aesthetics（美学）** 通常用来描述视觉美感，是对经过刺激而产生愉快感或幸福感的要素的分析、研究和考察。美学还关乎古代哲学，诸如亚里士多德和柏拉图等思想家一直在考察美学在心灵中所扮演的角色。

**Affinity Diagram（亲和图/相关关系图）** 通过由下至上的方式建立的图表，旨在从大量数据中寻找模式和可归纳成组的部分。

**Carnegie Mellon University（CMU，卡内基－梅隆大学）** 坐落于美国宾夕法尼亚州匹兹堡的卡内基－梅隆大学在交互设计领域的演化发展方面起到了关键作用。该校提供交互设计、语言学、认知心理学和人机交互等领域的硕士级别课程，出现过数位引领并发展了交互设计学科的灵魂人物，包括 John Rheinfrank、Richard Buchanan、Shelley Evenson、Jodi Forlizzi、Craig Vogel、Herb Simon 和 Allen Newell 等。

**Codesign（协同设计）** 蕴含了一种哲学观的设计方式。协同设计将最终用户纳入整个设计过程的所有层面，以确保最终用户的价值结构能如实反映到设计方案中。

**Concept Map（概念图）** Concept Map 指的是系统中各个实体之间的关系图，可以用多种多样的可视化形式来表现，但其内容通常总是包括名词概念（代表系统中的实体）和动词（代表实体间的关系），以及两者之间的连接关系。气泡图（Bubble Diagram）和网络图（Web Diagram）就是 Concept Map 的两种表现形式。

**Contextual Inquiry（实境调查）** 传统的访谈会依据问题列表向参与者提问，参与者依赖记忆或回想来给出问题的答案。实境调查与之截然相反，它要求调研人员对参与者完成特定任务或进行特定活动的过程进行观察。记忆有可能不准确，而实境调查能让我们深入了解实际发生了什么事情，而不是用户（参与者）凭借回忆认为发生了的事情。

**Convergent Thinking（收敛型思维）** 收敛型思维是种极具分析性的思考方式，旨在不断缩小选择范围，并最终得出最合理、最恰当的方案。因此，它也是种评估方式，要求依据特定的标准对备选构思或想法做出判断，确定是接受它还是否决它。

**Critical Incident（关键事件）** 关键事件指的是影响系统可用性的事件，经由诸如 Think Aloud Protocol 等各种形式的用户测试甄别出来。关键事件的出现意味着某种没有预料到但值得注意的事情发生了，而这往往说明系统中存在可用性缺陷。

**Journey Map（旅程图）** 以可视化的方式描绘用户与产品、服务或系统的整个大体系发生各种交互的场合（即接触点）。

**Data，Information，Knowledge，Wisdom（DIKW，数据、信息、知识、智慧）** "数据 – 信息 – 知识 – 智慧"链条通常会被信息管理（Information Management）或图书馆科学（Library Science）引述，描绘的是在体验中逐渐获得启蒙或启示的过程。信息架构师在尝试考察大量数据并从中抽取与用户相关的信息时，经常会提到 DIKW 的概念。

**Dialogue（对话）** 交互设计中的对话概念体现了人与设计出来的人工制品之间的一种超越了功能性的关系。对话意味着一种长久、持续的体验式感觉，能把用户提升到与人工制品及其设计师对等的地位。

**Divergent Thinking（发散型思维）** 发散型思维是设计过程中的关键组成部分，要求设计师快速产生大量差异化的构思或想法。在设计的开始阶段，设计师通过快速绘制草图（rapid visualization sketching）来描绘设计问题的各种可能的解决方案。然后，设计师通过收敛型思维来对它们进行筛选和取舍。

**Ecosystem Diagram（生态系统图）** 生态系统图指的是系统或品牌的可视化表达形式，通常用来描述系统或品牌与用户发生交互的各种场合。

**Ethnography（人种学/民族志）** 人种学被正式地用来指代一种专门考察文化的人类学。同时，它也被看作理解人及其相关工作问题的手段，已被纳入设计过程中加以考量。人种学考察的是文化，设计师考察的也是文化。

**Flow（流）** 流指的是艺术家和设计师描述的借以进行创造性劳动的一种专注的心理状态，由 Mihaly Csikszentmihalyi 首次提出和记载。这种状态要求人全身心地投入当下正在进行的活动中，无须考虑活动何时终止，不能被干扰和打断，并且弱化自我意识。

**Focus Group（焦点小组）** 一种用于市场营销的技巧，旨在收集一个小群体对产品、服务或系统的意见和看法。焦点小组的主持者引导一组人员经历各种场景，并依据特定的目标来发起问答。

**Graphical User Interface（GUI，图形用户界面）** GUI 界定了用户在使用软件时会接触到的一组数字化控件，以及用户与之进行交互的方式。传统意义上的 GUI 控件包括窗口、图标、滚动条等小部件。

**Heuristic Evaluation（启发式评估）** 一种探查可用性的方法，做法是将界面与特定的指导原则或最佳实践准则进行对照比较，以期辨识出界面中存在的可用性问题。由于该方法不需要用户参与（只需受过训练的导师即可），因此被认为是打了折扣的可用性实施技巧，因而对时间和资源的要求不高。

**Human-Computer Interaction（HCI，人机交互）** HCI 旨在理

解计算领域中的人本因素的实质，考察的是人与计算机系统进行交互的方式。

**Human Factor（人本因素）** 考察人与人造物品的交互时，其在身体和认知上的情况和表现。此概念一般被看作人体工程学（ergonomic）的同义词，体现出身体不适或疲劳的意味。

**Industrial Design（工业设计）** 工业设计通常指创造大规模生产物品的专业领域，但不包括系统设计或服务设计。也有人认为，工业设计师与其说是形式的赋予者，倒不如说是问题的解决者。

**Information Architecture（信息架构）** 一门相对较为年轻的学科，源自计算机科学和图书馆科学等领域。然而，称其为科学又显得太过务实，忽略了它以用户为中心的情感化的一面。要成为信息架构师，就必须以明晰性、可理解程度和创造性为终极目标。从根本上来说，信息架构师的天职就是从数据中发掘其意义。

**Interaction Design（交互设计）** 在人与产品、服务或系统之间建立对话的活动。

**Interactive Design（互动式设计）** 重点关注介于用户和软件、网站之间的技术层面的设计。

**Interpretation（解释）** 解释是进行批判性判断并创造意义的过程，是设计过程中的关键部分之一。在完成了调研并收集到大量数据之后，必须对数据进行解释，以期对数据的要义获得真切、深入的理解。

**Offshore Product Development（离岸产品开发）** 把各种服务外包至其他国家或地区的做法，一般能实现经济上的收益。尽管在20世纪八九十年代，美国将生产型外包看作一种对自身的威胁，但事到如今，它已经变成了实现大规模生产的惯用手段。

**Process Flow Diagram（流程图）** 流程图也被称为数据流图或

者决策树分析图，原本是电子工程和计算机科学领域的方法，用来描绘数据在系统内的逻辑流程。设计师能在流程图的协助下理解其所考察的活动中的各个独立的规则及其相互之间的关系。设计师可以通过这种分析工具与工程师进行沟通，解说和展示设计决策背后的道理。

**Product Requirement Document（PRD，产品需求文档）** 用来定义产品、服务或系统的功能特性和用例的文档，通常由市场部门创建。

**Scenario（场景）** 场景描绘的是用户为达到目标而使用产品的故事，其作用与人物角色（persona）类似，在于帮助设计师理解新制品如何融入用户的日常生活中，以及用户行为的微妙细节。

**Semantic（语义学）** 确切地说，语义学就是关于意义的研究。其在产品中的应用涉及物品的物理特征和形式特征背后隐含的意义。产品语义学关乎语言，因为物品的形式与其名称会在人的记忆中以难以捉摸的方式关联在一起。

**Semiotic（符号学）** 符号学即对符号（sign）的研究。所谓符号，不但包括印刷出来的图案或标记，还包括对表意（signification，即象征）过程的理论理解。人类可以通过对事物赋予象征意义（即通过象征进行表意）来传达诸事物的意义及价值，同时符号本身被看作承载着特定形式的意义的载体。

**Social Entrepreneurship（社会公益创业）** 社会公益创业指的是兼顾多个目标的业务形式，既要实现企业或机构自身的利润，又要致力于社会货币（social currency）⊖的发展，以期实现人类境况中某些部分的改善。

---

⊖　关于社会货币的详细解说参见 http://en. wikipedia. org/wiki/Social_ currency。——译者注

**Think Aloud Protocol（即想即说）**　Think Aloud Protocol 由 Herb Simon 和 Allen Newell 研发，是最常用的软件界面可用性评估方法。在 Think Aloud 用户研究中，参与者一边使用系统，一边大声说出自己正在做的事情。转录下来的用户叙述就成了分析的基础，借以辨识软件存在的问题。

**Universal Design（通用设计）**　通用设计主张产品设计应该抛开身体或年龄等方面的差异化问题，以所有人都能使用为最终目标。它试图涵盖所有人，因此也被称为包容性设计（inclusive design）。

**Universal Modeling Language（UML，通用建模语言）**　UML 是一种建模语言，用来将用例（即用户达到目标所需的一系列行动步骤）以可视化的方式表达出来。UML 被用来把对场景的含糊描述转化为形式化的线框原型（wireframe prototype）。

**Usability（可用性）**　可用性往往意味着系统的效率问题。可用性分析一般被用来追踪任务完成时间或错误数量，以便将系统可发挥的效率进行客观量化；而定性的可用性测试（qualitative usability testing）能被用来洞察产品使用过程中的主观因素，比如吸引力或者愉悦程度。

**Use Case（用例）**　用例是指特定的具体的界面流程，一般用来描绘用户如何经由界面达成特定目标。软件开发人员通过测试用例（test case）来消减代码中的缺陷（bug）；而可用性专员通过用例（use case）来探索使用系统的多种可能的方式。

**Visual Interface Design（可视界面设计）**　通常涉及的是让界面呈现特定风格的美学元素的设计，包括字体、颜色，以及其他 GUI 中的主观元素。

**Wicked Problem（诡异问题）**　诡异问题是一种难以界定的社会问题，它涉及多个利益相关者，而利益相关者又各自抱有互不相容的目标。这些问题的解决能影响人类生活最基本的品质。与其他诡异问题存在着纠缠不清、千丝万缕的联系，是诡异问题的一大特征。

**Xerox PARC**　PARC 即 Palo Alto Research Center 的缩写，是 Xerox Corporation（施乐）的研究部门。现今的许多计算机工具和标准都是由该部门于 20 世纪 70 年代研发出来的。